改訂版

テスト前に
まとめるノート
中2理科

Science

Gakken

この本を使うみなさんへ

　勉強以外にも，部活や習い事で忙しい毎日を過ごす中学生のみなさんを，少しでもサポートできたらと考え，この「テスト前にまとめるノート」は構成されています。

　この本の目的は，大きく2つあります。
　1つ目は，みなさんが効率よくテスト勉強ができるようにサポートし，テストの点数をアップさせることです。

　そのために，テストに出やすい大事な用語だけが空欄になっていて，直接書き込むことで，理科の重要点を定着できるようになっています。それ以外は，整理された内容を読んでいけばOK。頭に残りやすいよう，実験の手順や操作の理由をくわしく補足したり，ゴロやイラストなどで楽しく暗記できるよう工夫したりしています。

　2つ目は，毎日の授業やテスト前など，日常的にノートを書くことが多いみなさんに，「ノートをわかりやすくまとめられる力」をいっしょに身につけてもらうことです。

　ノートをまとめる時，次のような悩みを持ったことがありませんか？
　　☑　ノートを書くのが苦手だ
　　☑　自分のノートはなんとなくごちゃごちゃして見える
　　☑　テスト前にまとめノートをつくるが，時間がかかって大変
　　☑　最初は気合を入れて書き始めるが，途中で力つきる

　この本は，中学校で習う理科の内容を，みなさんにおすすめしたい「きれいでわかりやすいノート」にまとめたものです。この本を自分で作るまとめノートの代わりにしたり，自分のノートをとる時にいかせるポイントをマネしてみたりと，いろいろに活用してください。

　今，勉強を頑張ることは，現在の成績や進学はもちろん，高校生や大学生，大人になってからの自分をきっと助けてくれます。みなさんの未来の可能性が広がっていくことを心から願っています。

学研プラス

もくじ

第1章
化学変化と原子・分子

第2章
化学変化と物質の質量

第3章
植物のつくりとはたらき

この本の使い方

この本の，具体的な活用方法を紹介します。

1 | 定期テスト前にまとめる

まずは この本を読みながら，大事な用語を書き込んでいきましょう。

方法1 教科書を見ながら，空欄になっている_____に，用語を埋めていきます。
余裕のある時におすすめ。授業を思い出しながら，やってみましょう。

方法2 別冊解答を見ながら，まず，空欄_____を埋めて完成させましょう。
時間がない時におすすめ。大事な用語だけにまず注目できて，その後すぐに暗記態勢に入れます。

次に ノートを読んでいきましょう。教科書の内容が整理されているので，単元のポイントが頭に入っていきます。

最後に 「確認テスト」を解いてみましょう。各章のテストに出やすい内容をしっかりおさえられます。

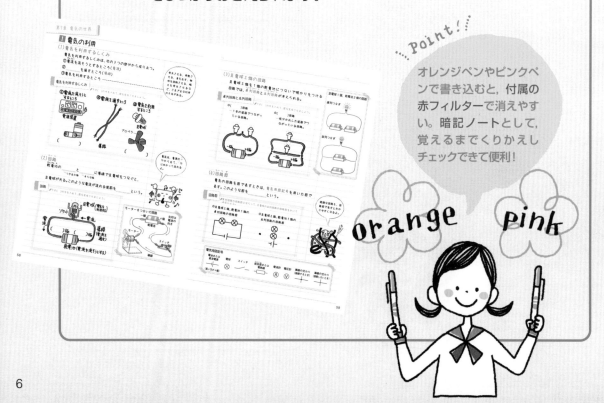

Point!

オレンジペンやピンクペンで書き込むと，付属の赤フィルターで消えやすい。暗記ノートとして，覚えるまでくりかえしチェックできて便利！

orange　pink

2 | 予習にもぴったり

授業の前日などに, この本で流れを追っ ておくのがおすすめです。教科書を全部 読むのは大変ですが, このノートをさっと 読んでいくだけで, 授業の理解がぐっと 深まります。

3 | 復習にも使える

学校の授業で習ったことをおさらいし ながら, ノートの空欄を埋めていきましょ う。先生が強調していたことを思い出し たら, 色ペンなどで目立つようにしてみて もいいでしょう。

　また先生の話で印象に残ったことを, このノートの右側のあいているところに 追加で書き込んだりして, 自分なりにアレ ンジすることもおすすめです。

 次のページからは, ノート作りのコツ について紹介していますので, あわせて読んでみましょう。

ノート作りのコツ

普段ノートを書く時に知っておくと役立つ,「ノート作りのコツ」を紹介します。どれも簡単にできるので, 気に入ったものは自分のノートに取り入れてみてくださいね！

コツ 1 色を上手に取り入れる

Point! 最初に色のルールを決める。

シンプル派→3色くらい

例）基本色→黒
　　重要用語→**赤**
　　強調したい文章→**蛍光ペン**

カラフル派→5〜7色くらい

例）基本色→黒
　　重要用語→**オレンジ**（赤フィルターで消える色＝暗記用）, **赤**, **青**, **緑**
　　用語は青, 公式は緑, その他は赤など, 種類で分けてもOK！
　　強調したい文章→黄色の蛍光ペン
　　囲みや背景などに→その他の蛍光ペン

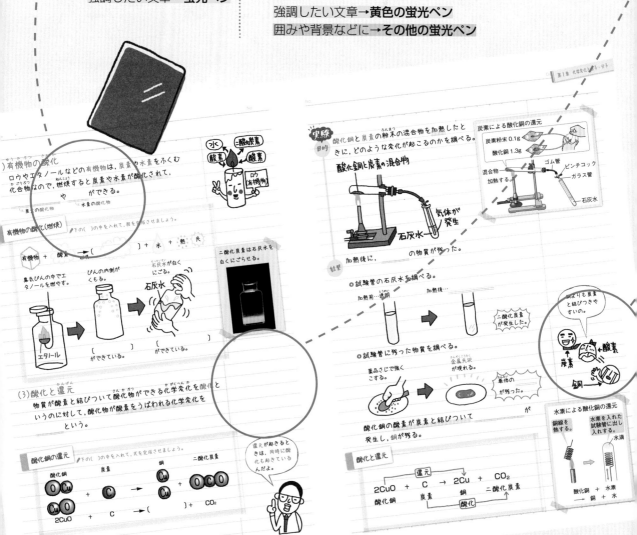

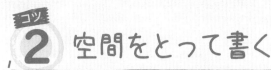

コツ 2 空間をとって書く

Point
「多いかな?」と思うくらい, 余裕を持っておく。

　ノートの右から**4～5cm**に**区切り線**を引きます。教科書の内容は左側（広いほう）に, その他の役立つ情報は右側（狭いほう）に, 情報を分けるとまとめやすくなります。

● 図や写真, イラスト, 暗記のためのゴロ, その他補足情報
● 授業中の先生の話で印象に残ったこと, 実験や観察の背景・理由など, 自分で書きとめておきたい情報は右へどんどん書き込みましょう。

　また, 文章はなるべく短めに書きましょう。途中の接続詞などもなるべくはぶいて, 「→」でつないでいくなどすると, すっきりでき, また流れも頭に入っていきます。

　行と行の間を, 積極的に空けておくのもポイントです。後で自分が読み返す時にとても見やすく, わかりやすく感じられます。追加で書き込みたい情報があった時にも, ごちゃごちゃせずに, いつでもつけ足せます。

コツ 3 イメージを活用する

Point
時間をかけず, 手書きとコピーを使い分けよう。

　自分の頭の中でえがいたイメージを, 簡単に図やイラスト化してみると, 記憶に残ります。この本でも, 簡単に書けて, 頭に残るイラストを多数入れています。とにかく簡単なものでOK。時間がかかると, 絵を描いただけで終わってしまうので注意。

　また, 教科書の写真や図解などは, そのままコピーして貼るほうが効率的。ノートに貼って, そこから読み取れることを追加で書き足したりすると, わかりやすい, 自分だけのオリジナル参考書になっていきます。

その他のコツ

❶レイアウトを整える…
段落ごと, また階層を意識して, 頭の文字を1字ずつずらしていくと, 見やすくなります。また, 見出しは1回り大きめに, もしくは色をつけるなどすると, メリハリがついてきれいに見えます。

❷インデックスをつける…
ノートはなるべく2ページ単位でまとめ, またその時インデックスをつけておくと, 後で見直ししやすいです。教科書の単元や項目と合わせておくと, テスト勉強がさらに効率よくできます。

❸かわいい表紙で, 持っていてうれしいノートに！…
表紙の文字をカラフルにしたり, 絵を描いたり, シールを貼ったりと, 表紙をかわいくアレンジするのも楽しいです。

① 物質の変化

(1)炭酸水素ナトリウムの分解

◆炭酸水素ナトリウムを加熱すると、＿＿＿＿＿＿（気体）と
＿＿＿＿＿＿（液体）ができ、試験管の中に＿＿＿＿＿＿（固体）が残る。

◆このように、1種類の物質が2種類以上の別の物質に分かれる変化を＿＿＿＿＿という。

ぼくらはもとの物質とはちがうよ。

炭酸水素ナトリウムの分解

✐下の〔　〕の中を入れて、図を完成させましょう。

炭酸水素
ナトリウム　→（加熱）　〔　　　　　　　〕 ＋ 二酸化炭素 ＋ 水

実験

目的　炭酸水素ナトリウムを熱すると、どのような変化が起こるのかを調べる。

加熱による分解を特に熱分解という。

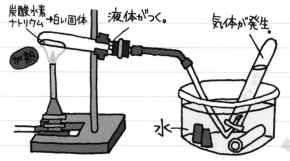

炭酸水素ナトリウム→白い固体
液体がつく。
気体が発生
加熱
水

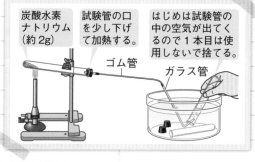

炭酸水素ナトリウム（約2g）
試験管の口を少し下げて加熱する。
はじめは試験管の中の空気が出てくるので1本目は使用しないで捨てる。
ゴム管
ガラス管

結果　試験管に白い固体が残り、試験管の口に液体がつき、気体が発生した。

塩化コバルト紙は水を調べる試験紙。水にふれると赤色（桃色）に変化するよ。

◉発生した気体や液体を調べる。

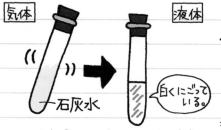

気体

石灰水

白くにごっている。

石灰水が白くにごる。→二酸化炭素

液体

塩化コバルト紙

塩化コバルト紙が青色から赤色（桃色）に変化する。→水

◉ 試験管に残った固体を調べる。

　　水溶液にフェノールフタレイン溶液を加える。

炭酸水素ナトリウム
の水溶液
　（水に少しとける）
➡うすい赤色
➡弱いアルカリ性

試験管に残った固体
の水溶液
　（水によくとける）
➡濃い赤色
➡強いアルカリ性

　　　　　　　　　これは＿＿＿＿＿＿＿＿＿＿＿である。

酸性や中性の水溶液に入れても無色のまま。

フェノールフタレン

(2)酸化銀の分解

◆酸化銀を加熱すると，＿＿＿＿＿が発生して，試験管の中には＿＿＿が残る。
　　　　　　　　　　　　　　　└気体
　　　　└固体

酸化銀の分解　🖊下の〔　〕の中を入れて，図を完成させましょう。

 酸化銀 → 銀 ＋ 〔　　　　　　　〕
　　　　　　　　加熱

実験
目的 酸化銀を熱すると，どのような変化が起こるのかを調べる。

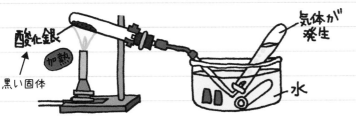
酸化銀　加熱　黒い固体　気体が発生　水

結果 試験管に白い固体が残り，気体が発生した。

　　　↓

　　　白い固体は＿＿＿，気体は＿＿＿＿。

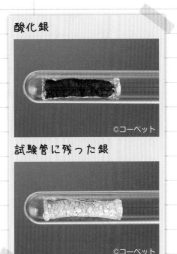
酸化銀
©コーベット
試験管に残った銀
©コーベット

分解のように，もとの物質とはちがう物質ができる変化を＿＿＿＿＿＿（化学反応）という。

11

(3) 水の電気分解

◆水は，電流を流すと，_____ と_____ に分解する。
      陰極   陽極

◆物質に電流を流して分解することを_____ という。

純粋な水は電流が流れないから，水酸化ナトリウムをとかす。

水の電気分解

✐下の〔 〕の中を入れて，図を完成させましょう。

水 ──電流──→ 〔   〕 + 酸素

実験

目的 水に電流を流したとき，どのような変化が起きるのかを調べる。

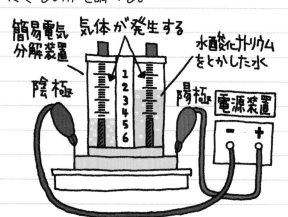

簡易電気分解装置　気体が発生する　水酸化ナトリウムをとかした水　陰極　陽極　電源装置

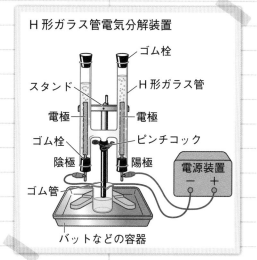

H形ガラス管電気分解装置

ゴム栓　スタンド　H形ガラス管　電極　電極　ゴム栓　ピンチコック　陰極　陽極　電源装置　ゴム管　バットなどの容器

結果 陰極と陽極に，それぞれ気体が発生した。

電源の−極につないだ電極が陰極，＋極につないだ電極が陽極。

◉ 発生した気体を調べる。

陰極

気体が音を立てて燃える。

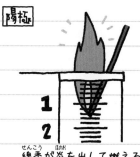

陽極

線香が炎を出して燃える。

2 原子と分子

(1) 原子

◆物質をつくる最小の単位を，　　　　　という。

◆原子の種類を　　　　　という。

◆元素は，アルファベット1文字か2文字からなる

　　　　　　で表される。

水素……H　　　　酸素……O　　　　　炭素……

鉄………Fe　　　銅………　　　　　銀………Ag

原子1個の大きさは，
1cmの1億分の1！

原子の性質

✎下の〔 〕の中を入れて，図を完成させましょう。

①化学変化によって，原子はそれ以
　上に分割できない。

②種類によって，〔　　　　〕や
　大きさが決まっている。

③化学変化によって，ほかの種類に
　変わったり，なくなったり，新しく
　できたり〔　　　　〕。

元素を原子番号順に並べて，元素の性質を
整理した表を周期表という。

	1												13	14	15	16	17	18
I	H	2																He
II	Li	Be											B	C	N	O	F	Ne
III	Na	Mg	3	4	5	6	7	8	9	10	11	12	Al	Si	P	S	Cl	Ar
IV	K	Ca	Sc	Ti	V	Cr	Mn	Fe	Co	Ni	Cu	Zn	Ga	Ge	As	Se	Br	Kr
V	Rb	Sr	Y	Zr	Nb	Mo	Tc	Ru	Rh	Pd	Ag	Cd	In	Sn	Sb	Te	I	Xe
VI	Cs	Ba	*	Hf	Ta	W	Re	Os	Ir	Pt	Au	Hg	Tl	Pb	Bi	Po	At	Rn
VII	Fr	Ra	**	Rf	Db	Sg	Bh	Hs	Mt	Ds	Rg	Cn	Nh	Fl	Mc	Lv	Ts	Og

*ランタノイド　La Ce Pr Nd Pm Sm Eu Gd Tb Dy Ho Er Tm Yb Lu
**アクチノイド　Ac Th Pa U Np Pu Am Cm Bk Cf Es Fm Md No Lr

(2) 分子

いくつかの原子が結びついた，
物質の性質をもつ最小の単位を，
　　　　　という。

分子のモデル

✎下の〔 〕の中を入れて，図を完成させましょう。

酸素分子　　　　水素分子　　〔　　　　〕分子

〔　　　　〕分子

二酸化炭素分子

2種類以上の原子
が結びついた分子
もあるよ。

3 物質の表し方

(1)単体と化合物

1種類の元素からできている物質を　　　といい,

2種類以上の元素からできている物質を　　　という。

単体と化合物

✐下の〔 〕の中を入れて,図を完成させましょう。

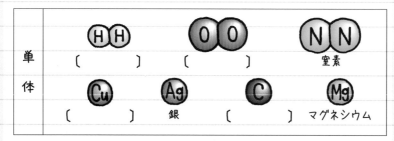

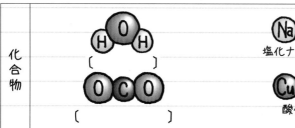

銅, 銀, 炭素, マグネシウムなどの固体は, 単体だけれど分子はつくらないよ。

(2)化学式

物質を,元素記号を用いて表したものを　　　という。

すべての物質を表すことができる。

● 単体の化学式(酸素分子)

● 化合物の化学式(水分子)

化学式の書き方

元素記号

2 H₂

分子の数　原子の数

例) 水素分子が2個あることを表す化学式

(3)物質の分類

◆ 物質には,純粋な物質と,2種類以上の物質が混じり合っ

た 　　　　　 とがある。

◆ 純粋な物質は,　　　　　 と 　　　　　　 に分けることがで

きる。

　⌣1種類の元素　　⌣2種類以上の元素

> 単体か化合物かは,化学式を見て知ることができる。

◆ マグネシウムや銅などの金属や,塩化ナトリウムや酸化銅

などの化合物は,原子が決まった割合で集まってできてい

て,分子にはならない。

> 分子をつくるかつくらないかは,化学式だけを見て知ることはできない。

物質の分類

✎下の( )の中を入れて,図を完成させましょう。

```
┌──────────── 物質 ────────────┐
│ 水素 H₂  酸素 O₂  窒素 N₂  銅 Cu  水 H₂O │
│ マグネシウム Mg  二酸化炭素 CO₂  酸化銅 CuO │
│ 塩化ナトリウム NaCl  食塩水 NaClとH₂O │
└──────────────────────────────┘
```

〔　　　　〕な物質

H₂ O₂ N₂ Cu H₂O
Mg CO₂ CuO NaCl

混合物

NaClとH₂O
（食塩水）

> 混合物は2種類以上の純粋な物質が混じり合っているので,1つの化学式で表すことはできない。

〔　　　　〕　　　〔　　　　〕

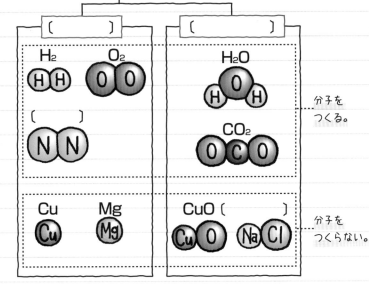

分子をつくる。

分子をつくらない。

> 分子をつくらない化合物の化学式は,物質中の原子の数の比を表しているんだよ。

④ 物質の結びつき

(1)鉄と硫黄(いおう)の結びつき

◆ 鉄と硫黄の混合物を加熱すると，光と熱を出す化学変化(かがくへんか)が
起こり，＿＿＿＿＿ という物質ができる。
└黒色の物質

◆ 2種類以上の物質が結びついてできた物質を
＿＿＿＿＿ といい，もとの物質とはちがう別の新しい物質である。

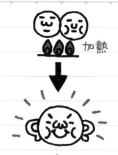

ぼくはもとの物質
とはちがうよ。

【鉄と硫黄の結びつき】

✎下の〔　〕の中を入れて，図を完成させましょう。

鉄 ＋ 硫黄 ⟶ 〔　　　〕

実験

目的 鉄粉(てっぷん)と硫黄の粉末(ふんまつ)の混合物を加熱したとき
に，どのような変化が起こるのかを調べる。

鉄粉と硫黄の
混合物

加熱する。

黒い物質が
できる。

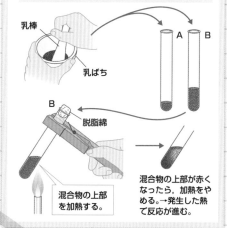

鉄粉 7.0g と硫黄の粉末 4.0g を混ぜ合わせ，試
験管 A に混合物の $\frac{1}{4}$ を，B に残りの分を入れる。

乳棒

乳ばち

脱脂綿

混合物の上部
を加熱する。

混合物の上部が赤く
なったら，加熱をや
める。→発生した熱
て反応が進む。

結果 加熱後に黒い物質ができた。

◎ 加熱前後の物質が磁石につくかどうかを調べる。

[加熱前の物質]

磁石につく。
→鉄の性質がある。

[加熱後の物質]

磁石につかない。
→鉄の性質がない。

鉄がふくまれてい
れば，磁石につく
よ。

ジャーン

ゴクリ

○加熱前後の物質にうすい塩酸を加えて調べる。

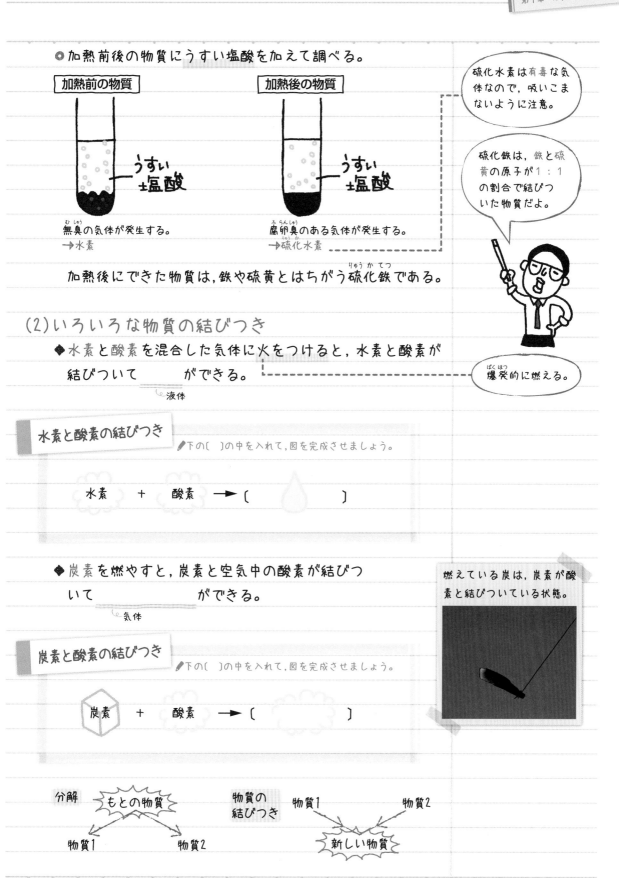

| 加熱前の物質 | 加熱後の物質 |

うすい塩酸

うすい塩酸

無臭の気体が発生する。
→水素

腐卵臭のある気体が発生する。
→硫化水素

硫化水素は有毒な気体なので、吸いこまないように注意。

硫化鉄は、鉄と硫黄の原子が1：1の割合で結びついた物質だよ。

加熱後にできた物質は、鉄や硫黄とはちがう硫化鉄である。

(2)いろいろな物質の結びつき

◆水素と酸素を混合した気体に火をつけると、水素と酸素が結びついて　　　ができる。
└ 液体

爆発的に燃える。

水素と酸素の結びつき

✐下の〔 〕の中を入れて、図を完成させましょう。

水素　＋　酸素　──→　〔　　💧　　〕

◆炭素を燃やすと、炭素と空気中の酸素が結びついて　　　　　ができる。
└ 気体

炭素と酸素の結びつき
✐下の〔 〕の中を入れて、図を完成させましょう。

炭素　＋　酸素　──→　〔　　　　　〕

燃えている炭は、炭素が酸素と結びついている状態。

分解　もとの物質
物質1　　物質2

物質の結びつき　物質1　　物質2
新しい物質

17

5 化学反応式

(1)化学反応式

化学式を組み合わせることで，化学変化を表すことができ----
る。このような式を ＿＿＿＿＿＿ という。

> 分解・物質の結びつきのどちらの化学変化も表すことができる。

化学反応式

✏下の〔 〕の中を入れて，式を完成させましょう。

● 鉄と硫黄の結びつき

鉄 ＋ 硫黄 → 硫化鉄

Fe ＋ S → 〔　　　　　〕

● 炭素と酸素の結びつき

炭素 ＋ 酸素 → 二酸化炭素

C ＋ O_2 → 〔　　　　　〕

> 分解の化学反応式では，もとの物質が矢印の左側に，分解後の物質が矢印の右側にくるよ。

酸化銀の分解
$2Ag_2O → 4Ag + O_2$

(2)化学反応式のつくり方

● 水素と酸素の結びつきの化学反応式

①「反応前の物質→反応後の物質」のように物質名を書く。

水素 ＋ 酸素 → 水

②物質名を化学式に置きかえる。

H_2 ＋ O_2 → H_2O

③反応の前後で酸素原子の数が等しくなるように，反応後の
H_2Oを1個ふやす。　　　　「Oが2個」

H_2 ＋ O_2 → H_2O H_2O
　　　　「Oが2個」

④反応の前後で水素原子の数が等しくなるように，反応前のH_2
を1個ふやす。

H_2 H_2 ＋ O_2 → H_2O H_2O

⑤分子の数をまとめて，数字で表す。

　　　＋　　　→　　　　完成----

> 反応の前後で，原子の種類と数は変化していない。

モデルで考える

① 水素 ＋ 酸素 —— 水

② HH + OO → HOH

③ HH + OO → (OHH)(OHH)

④ HH HH + OO → (OHH)(OHH)

⑤ $2H_2$ + O_2 —— $2H_2O$

6 酸素のかかわる化学変化

(1)酸化と燃焼

◆物質が酸素と結びつくことを　　　　　といい，できた物質
を　　　　　という。

◆物質が，熱や光を出しながら激しく酸化することを
　　　　　という。

燃焼＝激しい酸化

金属の酸化と燃焼

✎下の〔 〕の中を入れて，式を完成させましょう。

● 銅の酸化

$$2Cu + O_2 → 〔 \qquad 〕$$

● マグネシウムの燃焼

$$2Mg + 〔 \quad 〕 → 2MgO$$

熱した部分が
黒くなる。

銅の酸化

マグネシウムの燃焼

実験

目的　鉄（スチールウール）を酸素中で燃焼させたときに，
どのような変化が起こるのかを調べる。

酸素 —
水 —
スチールウール
黒い物質

熱や光を
出している。

結果　燃焼後に黒い物質が残った。

● 燃焼後の物質を調べる。

磁石につくか	電流は流れるか	塩酸に入れるとどうなるか

 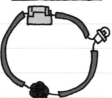 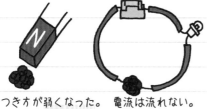

塩酸

つき方が弱くなった。　電流は流れない。　水素は発生しない。

なぜ？

鉄は磁石によくつき，
電流が流れ，塩酸に
入れると水素が発生
するはずだから。

燃焼によって，鉄が　　　　　　という物質に変化している。

(2)有機物の酸化

ロウやエタノールなどの有機物は，炭素や水素をふくむ
化合物なので，燃焼すると炭素や水素が酸化されて，

_____ や _____ ができる。

⌞炭素の酸化物　　⌞水素の酸化物

有機物の酸化（燃焼）

✎下の〔　〕の中を入れて，図を完成させましょう。

有機物　＋　酸素　──→〔　　　　　　　　〕＋　水　＋　熱　光
　　　　　　　　　　燃焼

集気びんの中でエ
タノールを燃やす。

びんの内側が
くもる。

石灰水が白く
にごる。

石灰水

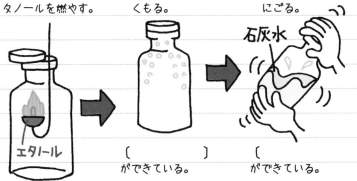

エタノール

〔　　　　　　　〕
ができている。

〔　　　　　　　　　〕
ができている。

二酸化炭素は石灰水を
白くにごらせる。

(3)酸化と還元

物質が酸素と結びついて酸化物ができる化学変化を酸化と
いうのに対して，酸化物が酸素をうばわれる化学変化を
_____ という。

酸化銅の還元

✎下の〔　〕の中を入れて，式を完成させましょう。

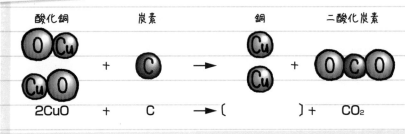

酸化銅　　　　　　炭素　　　　　　　銅　　　　　二酸化炭素

2CuO　　　＋　　　C　　　──→〔　　　　　〕＋　　CO₂

還元が起きると
きは，同時に酸
化も起きている
んだよ。

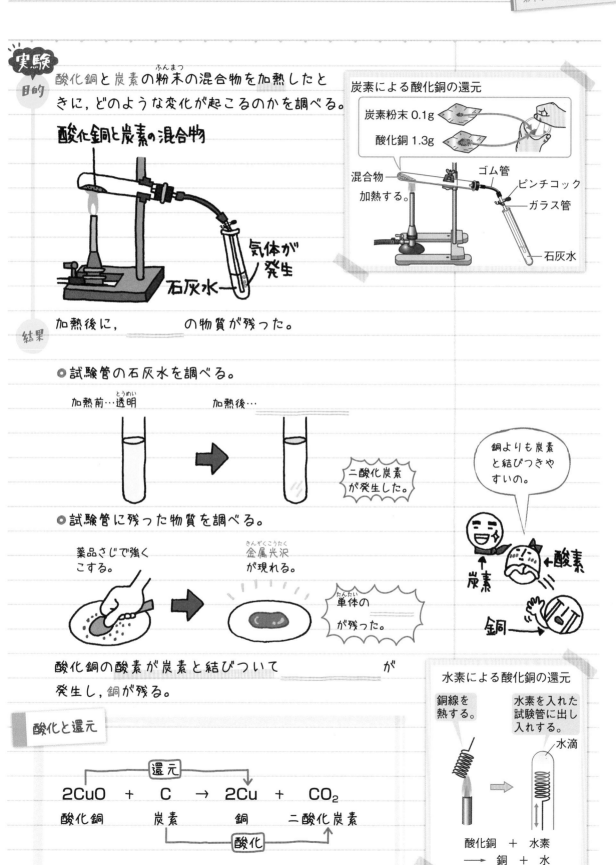

実験

目的 酸化銅と炭素の粉末の混合物を加熱したときに、どのような変化が起こるのかを調べる。

酸化銅と炭素の混合物

気体が発生

石灰水

炭素による酸化銅の還元

炭素粉末 0.1g
酸化銅 1.3g

混合物
加熱する。

ゴム管
ピンチコック
ガラス管
石灰水

結果 加熱後に、＿＿＿＿＿の物質が残った。

○試験管の石灰水を調べる。

加熱前…透明　　　　加熱後…

二酸化炭素
が発生した。

銅よりも炭素
と結びつきや
すいの。

炭素 → 酸素

銅 →

○試験管に残った物質を調べる。

薬品さじで強く
こする。

金属光沢
が現れる。

単体の
＿＿＿＿が残った。

酸化銅の酸素が炭素と結びついて＿＿＿＿＿＿が
発生し、銅が残る。

水素による酸化銅の還元

銅線を
熱する。

水素を入れた
試験管に出し
入れする。

水滴

酸化銅 ＋ 水素
→ 銅 ＋ 水

酸化と還元

還元

$$2CuO + C \rightarrow 2Cu + CO_2$$
酸化銅　　　炭素　　　銅　　　二酸化炭素

酸化

確認テスト①

●目標時間：30分　●100点満点　●答えは別冊21ページ

1 右の図のようにして，炭酸水素ナトリウムをガスバーナーで加熱しました。次の各問いに答えなさい。 〈5点×4〉

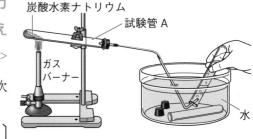
炭酸水素ナトリウム　試験管A　ガスバーナー　水

(1) ガラス管の先から出てきた気体の性質を，次の**ア〜エ**から選びなさい。

〔　　　　　　　　　〕

ア マッチの火を近づけると，音を立てて燃える。　　**イ** 強い刺激のあるにおいがする。
ウ 火のついた線香を入れると，激しく燃える。　　**エ** 石灰水を白くにごらせる。

(2) (1)の性質をもつ気体の名称を答えなさい。

〔　　　　　　　　　〕

(3) 加熱後，試験管**A**の口付近についていた液体は何ですか。名称を答えなさい。

〔　　　　　　　　　〕

(4) 加熱後，試験管**A**に残っていた白い固体は何ですか。名称を答えなさい。

〔　　　　　　　　　〕

2 次の各問いに答えなさい。 〈5点×6〉

(1) 物質をつくる最小の単位で，それ以上分割することのできない小さな粒子を何といいますか。

〔　　　　　　　　　〕

(2) 窒素の元素記号を，次の**ア〜エ**から選びなさい。

ア H　　**イ** C　　**ウ** N　　**エ** O

〔　　　　　　　　　〕

(3) いくつかの(1)が結びついてできている，物質の性質をもつ最小の単位となっている粒子を何といいますか。

〔　　　　　　　　　〕

(4) 水素の(3)を表す化学式を，次の**ア〜エ**から選びなさい。

ア H_2　　**イ** H_2O　　**ウ** N_2　　**エ** O_2

〔　　　　　　　　　〕

(5) 次の**ア〜エ**は，いろいろな物質の(3)をモデルで表したものです。化合物を表しているものを1つ選び，**ア〜エ**の記号で答えなさい。また，その物質名を答えなさい。

ア　**イ**　**ウ**　**エ**

記号〔　　　　　　〕　　物質名〔　　　　　　　〕

3 右の図のようにして,鉄粉と硫黄の粉末の混合物をガスバーナーで加熱しました。次の各問いに答えなさい。 <4点×5>

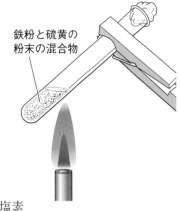

鉄粉と硫黄の
粉末の混合物

(1) 加熱後に試験管中にできた物質に磁石を近づけると,物質は磁石に引きつけられますか。

[   ]

(2) 加熱後に試験管中にできた物質にうすい塩酸を加えたときに,発生する気体は何ですか。次の**ア**～**エ**から選びなさい。

[   ]

ア 水素   **イ** 硫化水素   **ウ** 塩化水素   **エ** 塩素

(3) 加熱後に試験管中にできた物質は何という物質ですか。物質名を答えなさい。

[   ]

(4) (3)の物質を化学式で表しなさい。

[   ]

(5) この実験のように,2種類以上の物質が結びついてできた物質を何といいますか。

[   ]

4 右の図のようにして,酸化銅と炭素の粉末の混合物をガスバーナーで加熱しました。次の各問いに答えなさい。 <(4)は10点,他は5点×4>

(1) 加熱したときに,ガラス管の先端から出てくる気体は何ですか。気体名を答えなさい。

[   ]

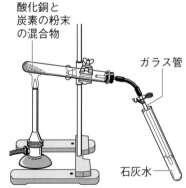

酸化銅と
炭素の粉末
の混合物

ガラス管

(2) 加熱後に,試験管中には赤色の物質が残っていました。この物質は何ですか。物質名を答えなさい。

[   ]

石灰水

(3) 加熱によって,試験管中にあった酸化銅と炭素の粉末には,それぞれ何という化学変化が起こりましたか。

酸化銅 [   ]   炭素 [   ]

(4) この実験で起こった化学変化を化学反応式で表しました。〔   〕に化学式を書き入れて,式を完成させなさい。

2CuO   +   C   →   [   ] + [   ]

23

1 化学変化と質量の変化

(1)硫酸と塩化バリウム水溶液の反応

うすい硫酸とうすい塩化バリウム水溶液を混ぜ合わせると，
白い ＿＿＿＿＿ が生じるが，反応の前後で全体の質量は変化し
ない。 ⌐硫酸バリウム

混ぜ合わせた液体の底に，硫酸バリウムという固体が沈んで積もるよ。

硫酸と塩化バリウム水溶液の反応

✎下の〔 〕の中を入れて，式を完成させましょう。

硫酸 ＋ 塩化バリウム → 塩酸 ＋ 硫酸バリウム

H_2SO_4 ＋ $BaCl_2$ → 〔　　　　〕 ＋ $BaSO_4$

実験

目的 うすい硫酸とうすい塩化バリウム水溶液を混ぜ合わせたとき
に，質量がどのように変化するのかを調べる。

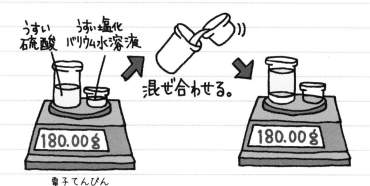

うすい硫酸　うすい塩化バリウム水溶液

混ぜ合わせる。

180.00g　180.00g

電子てんびん

硫酸バリウムの沈殿

©コーベット

結果 反応の前後で，全体の質量は ＿＿＿＿＿＿＿＿＿＿＿＿＿。

(2)炭酸水素ナトリウムと塩酸の反応

炭酸水素ナトリウムとうすい塩酸を混ぜ合わせると，
＿＿＿＿＿＿＿ が生じるが，密閉された容器で実験すると，
⌐気体

反応の前後で全体の質量は変化しない。

密閉されていない容器で実験すると，発生した二酸化炭素が空気中へ出ていく。

炭酸水素ナトリウムと塩酸の反応

✎下の〔 〕の中を入れて，式を完成させましょう。

炭酸水素ナトリウム ＋ 塩酸 → 塩化ナトリウム ＋ 水 ＋ 二酸化炭素

$NaHCO_3$ ＋ HCl → 〔　　　　〕 ＋ H_2O ＋ CO_2

実験

目的　炭酸水素ナトリウムとうすい塩酸を混ぜ合わせたときに, 質量がどのように変化するのかを調べる。

◎密閉されていない容器で調べる。

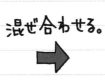 炭酸水素ナトリウム　うすい塩酸

混ぜ合わせる。

なぜ？
二酸化炭素が空気中へ出ていき, その分の質量が減ったから。

結果　反応後の全体の質量は　　　　　する。

◎密閉されている容器で調べる。

 うすい塩酸　炭酸水素ナトリウム

混ぜ合わせる。

容器のふたを開けると, 二酸化炭素が出ていき, 質量が減る。

結果　反応の前後で全体の質量は　　　　　。

(3) 質量保存の法則

化学変化の前後で, 物質全体の質量は変化しない。これを　　　　　の法則という。

なぜ？
反応の前後で, 化学変化にかかわる原子の種類と総数が変化しないため。

質量保存の法則

✐下の〔　〕の中を入れて, 図を完成させましょう。

 酸化銅　 炭素　 銅　二酸化炭素

左辺：酸素原子2個, 銅原子2個, 炭素原子〔　　〕個

右辺：酸素原子2個, 銅原子2個, 炭素原子〔　　〕個

質量保存の法則は, 化学変化だけではなく, 状態変化など, すべての物質の変化で成り立つよ。

化学変化では, 物質をつくる原子の組み合わせは変化しても, 原子が新しくできたりなくなったりはしない。
→反応の前後で, 全体の質量は変化しない。

2 物質が結びつくときの質量の割合

(1)金属と結びつく酸素の質量

マグネシウムや銅の粉末を空気中で加熱すると，　　　　　と
結びついて，質量がふえる。-------
└ 空気中の気体

酸化物ができる。

実験

目的 マグネシウムや銅の粉末を空気中で加熱したときに，
質量がどのように変化するのかを調べる。

金属の粉末

くり返す。

加熱後質量をはかる。

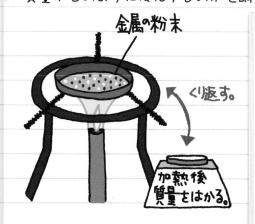

①ステンレス皿の
質量をはかる。

ステンレス皿

電子てんびん

③ガスバーナーで加熱する。

金属粉末は
うすく広げる。

②ステンレス皿と金属粉末
全体の質量をはかる。

金属の粉末

④皿が冷えてから，再び
全体の質量をはかる。

③～④をくり返す。

結果 マグネシウムや銅などの金属を
空気中で加熱すると，質量がふえ
る。

マグネシウム

銅

物質の質量〔g〕

2.5
2.0
1.5
1.0
0.5
0

0　1　2　3　4　5　6　熱した回数〔回〕

　　　　　　　　　　が
できる。

　　　　　　　　　　ができる。

ある程度加熱す
ると，酸化物の
質量は変化しな
くなるよ。

金属の粉末を加熱すると，酸化物の質量はふえるが，
ある一定の値になるとそれ以上ふえなくなる。

→ 一定量の金属と結びつく酸素の質量は決まっている。

（2）金属と結びつく酸素の割合

マグネシウムや銅などの金属と酸素が結びついて，

　　　　　ができるとき，もとの金属の質量と，結びつく酸

└ 酸素の化合物

素の質量の割合は決まっている。------------- 結びつく物質の質量
の比が一定となる。

金属と結びつく酸素の質量

✎下の〔 〕の中を入れて，表を完成させましょう。

マグネシウムの質量〔g〕	0.40	0.60	0.80	1.00	1.20	1.40
酸化マグネシウムの質量〔g〕	0.66	1.00	1.33	1.66	1.99	2.32
結びついた酸素の質量〔g〕	0.26	0.40	〔　　〕	0.66	0.79	〔　　〕

銅の質量〔g〕	0.40	0.60	0.80	1.00	1.20	1.40
酸化銅の質量〔g〕	0.50	0.75	1.00	1.25	1.50	1.75
結びついた酸素の質量〔g〕	〔　　〕	0.15	0.20	0.25	〔　　〕	0.35

◉上の表より，金属と酸化物の質量の変化，金属と結びつい
　た酸素の質量の変化をグラフにする。

金属の質量と酸化物の質量

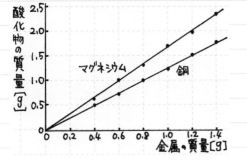

金属の質量と結びついた酸素の質量

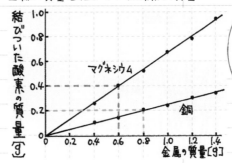

比例のグラフにな
ることは，反応す
る物質の質量の割
合が一定であるこ
とを示しているよ。

◉マグネシウムの質量が0.60gのとき，結びついた酸素の質量は0.40g
　→ 0.60：0.40 ＝ 3：2
◉銅の質量が0.80gのとき，結びついた酸素の質量は0.20g
　→ 0.80：0.20 ＝ 4：1

マグネシウムの質量：結びついた酸素の質量＝3：

銅の質量：結びついた酸素の質量＝4：

マグネシウムの質
量：酸化マグネシ
ウムの質量＝3：5

銅の質量：酸化銅の
質量＝4：5

3 化学変化と熱

(1)化学変化による温度変化

化学変化が起こるときには，熱の出入りがともなう。

温度が上がる反応を ＿＿＿＿＿＿＿＿＿＿ ，
　　　　　　　　　　　└ 熱を周囲に出す。

温度が下がる反応を ＿＿＿＿＿ という。
　　　　　　　　　　└ 周囲から熱をうばう。

発熱反応と吸熱反応

🖊下の〔 〕の中を入れて，図を完成させましょう。

● 温度が〔　　　　　〕反応…**発熱反応**（はつねつはんのう）

物質A ＋ … →（化学変化） 物質B ＋ … ＋ 熱 ┈┈ ⟨ 周囲に熱が出されて，温度が上がる。 ⟩

● 温度が〔　　　　　〕反応…**吸熱反応**（きゅうねつはんのう）

物質C ＋ … ＋ 熱 →（化学変化） 物質D ＋ … ┈┈ ⟨ 周囲の熱が吸収されて，温度が下がる。 ⟩

実験

目的 いろいろな化学変化で，温度がどのように変化するのか調べる。

● 鉄粉の酸化（化学かいろ）（さんか）

食塩水　温度計
ガラス棒で混ぜる　鉄粉6g　活性炭3g

結果 → 温度が上がる。

化学かいろ

ふくろの中に鉄粉や活性炭などが入っていて，もむと反応して熱を発生する。

● 水酸化バリウムと塩化アンモニウムの反応

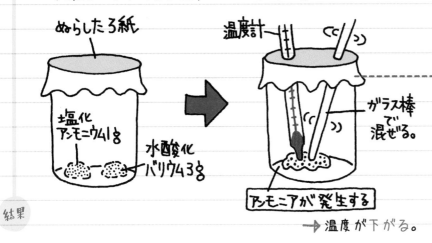

ぬらしたろ紙

温度計

塩化
アンモニウム1g

水酸化
バリウム43g

ガラス棒
で
混ぜる。

アンモニアが発生する

アンモニアは有害な
気体なので,ぬらし
たろ紙をかぶせて,
水にとけるようにす
る。

結果

→ 温度が下がる。

・鉄粉の酸化 →

・水酸化バリウムと塩化アンモニウムの反応 →

(2)化学変化による熱の利用

◆ 石油,天然ガス,木炭などの有機物を ＿＿＿（激しい酸化）＿＿＿ させるこ
とで発生する熱を,生活の中で利用している。

◆ ロケットの噴射は,液体水素と液体酸素による燃焼で
発生する熱のエネルギーを利用している。

ロケットの噴射

化学変化による熱の利用

下の〔　〕の中を入れて,図を完成させましょう。

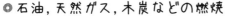

● 石油,天然ガス,木炭などの燃焼

石油,天然
ガス,木炭
など

（有機物）

+ 〔　　　　〕→ 二酸化 + 水 + 熱・光（利用）
　燃焼　　　　　炭素

天然ガスの主成
分はメタン。メ
タンの燃焼の化
学反応式は,こ
のようになるよ。

メタン（CH_4）の燃焼
$CH_4 + 2 O_2$
$→ CO_2 + 2 H_2O$

● ロケットの噴射

水素
（液体）

+ 酸素
（液体）

→ 〔　　　　〕+ 熱・光（利用）
　燃焼

確認テスト②

●目標時間：３０分　●100点満点　●答えは別冊 21 ページ

1 化学変化と物質の質量の関係を調べるために，次の実験1，2を行いました。次の各問いに答えなさい。 ＜5点×8＞

図1

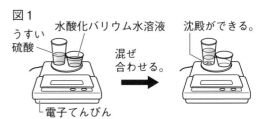

〔実験1〕 図1のように，うすい硫酸に水酸化バリウム水溶液を加えて，反応前後の質量を測定しました。

〔実験2〕 図2のように，うすい塩酸の入った試験管と石灰石を入れたプラスチックの容器の質量をはかり，うすい塩酸と石灰石を混ぜ合わせたあと，再び質量をはかりました。

図2

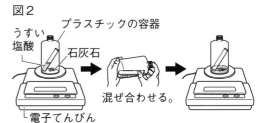

(1) 実験1では，反応後に何色の沈殿が生じましたか。 〔　　　　　　　〕

(2) 実験1で生じた沈殿は，何という物質ですか。物質名を答えなさい。 〔　　　　　　　〕

(3) 実験1では，反応の前後で，反応にかかわる物質全体の質量はどのようになりましたか。次の**ア**〜**ウ**から選びなさい。 〔　　　　　　　〕

　　ア 反応後に質量が増加した。　　**イ** 反応後に質量が減少した。

　　ウ 反応の前後で質量は変化しなかった。

(4) 実験2で，うすい塩酸と石灰石を混ぜ合わせたときに生じる気体は何ですか。化学式で書きなさい。 〔　　　　　　　〕

(5) 実験2では，反応の前後で，反応にかかわる物質全体の質量はどのようになりましたか。(3)の**ア**〜**ウ**から選びなさい。 〔　　　　　　　〕

(6) 実験2で，再度質量をはかったあと，プラスチックの容器のふたをとり，しばらくしてからもう一度ふたをしました。このとき容器全体の質量は，はじめにはかったときと比べてどのようになりますか。次の**ア**〜**ウ**から選びなさい。 〔　　　　　　　〕

　　ア 増加した。　　**イ** 減少した。　　**ウ** 変化しなかった。

(7) 容器全体の質量が(6)で答えたようになった理由を，簡単に書きなさい。

　　〔　　　　　　　　　　　　　　　　　　　　　　　　　　　　　　　　　〕

(8) 化学変化の前後で，物質全体の質量が(3)，(5)で答えたようになることを，何の法則といいますか。 〔　　　　　　　〕の法則

2 右の図のようにして，いろいろな質量の銅とマグネシウムの粉末を，それぞれステンレス皿に広げてガスバーナーで十分に加熱しました。下の表は，加熱前の金属粉末の質量と，加熱後に残った物質の質量を示したものです。次の各問いに答えなさい。

金属の粉末

<5点×9>

銅の質量〔g〕	0.4	0.8	1.2	1.6	2.0
加熱後の質量〔g〕	0.5	1.0	1.5	2.0	2.5

マグネシウムの質量〔g〕	0.4	0.8	1.2	1.6	2.0
加熱後の質量〔g〕	0.7	1.3	2.0	2.6	3.3

(1) 上の2つの表の結果を，それぞれ右のグラフに表しなさい。

(2) 銅を加熱したときにできた物質の名前を答えなさい。また，その物質を化学式で表しなさい。

名前 〔　　　　　　　　　〕　化学式 〔　　　　　　　　　〕

(3) マグネシウムを加熱したときにできた物質の名前を答えなさい。また，その物質を化学式で表しなさい。

名前 〔　　　　　　　　　〕　化学式 〔　　　　　　　　　〕

(4) 0.8 g の銅と結びつく酸素の質量は何 g ですか。

〔　　　　　　　　g〕

(5) 1.2 g のマグネシウムと結びつく酸素の質量は何 g ですか。

〔　　　　　　　　g〕

(6) 銅，マグネシウムの質量と，それらの金属と結びつく酸素の質量の比はどのようになりますか。それぞれ，最も簡単な整数の比で表しなさい。

銅：酸素 = 〔　　　　　　　　　〕　マグネシウム：酸素 = 〔　　　　　　　　　〕

3 右の図の，アは鉄粉と活性炭の混合物に食塩水を入れてかき混ぜたもの，イは水酸化バリウムと塩化アンモニウムをかき混ぜたものです。次の各問いに答えなさい。 <5点×3>

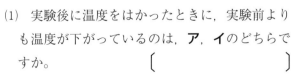

(1) 実験後に温度をはかったときに，実験前よりも温度が下がっているのは，**ア**，**イ**のどちらですか。 〔　　　　　　　　〕

(2) (1)で，温度が下がったのは，化学変化によって熱がどのようになったからですか。 〔　　　　　　　　〕

(3) (1)のような熱の出入りをする反応を，何といいますか。 〔　　　　　　　　〕

1 生物と細胞

(1)細胞のつくり

◆植物や動物のからだは, たくさんの　　　　　が集まって
できている。どの細胞にもまるい　　　　　が1個ある。

◆植物の細胞には, 動物の細胞には見られない　　　　　,
　　　　, 液胞というつくりがある。

└光合成を行う

└細胞の外側を囲む

> 細胞の活動にともなってできた物質や水が入っている。

細胞のつくり

✐下の〔 〕の中を入れて, 図を完成させましょう。

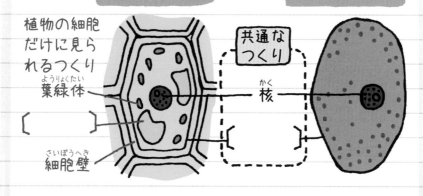

植物の細胞

動物の細胞

植物の細胞
だけに見ら
れるつくり
葉緑体(ようりょくたい)

共通な
つくり

核(かく)

細胞壁(さいぼうへき)

> 細胞質(さいぼうしつ)は, 細胞壁と核以外の部分。

実験

目的　植物と動物の細胞のつくりを観察する。

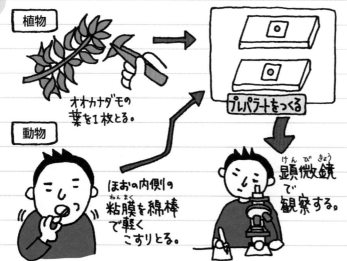

植物

オオカナダモの
葉を1枚とる。

プレパラートをつくる

動物

ほおの内側の
粘膜(ねんまく)を綿棒
で軽く
こすりとる。

顕微鏡(けんびきょう)
で
観察する。

オオカナダモの葉　0.05mm

ヒトのほおの内側の粘膜　0.1mm

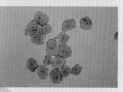

> 染色液(せんしょくえき)をつけると, 核が赤紫色(あかむらさきいろ)に染まる。

結果　植物と動物の細胞には, 共通するつくりと,
植物だけに見られるつくりとがある。

(2) 単細胞生物

1個の細胞からなる生物を，＿＿＿＿＿といい，

1個の細胞の中に，からだを動かしたり養分をとりこんだり

するしくみがある。-----------------

ゾウリムシ（単細胞生物）のからだのつくり

> ミドリムシ，ゾウリムシ，アメーバなど。

食物を
とりこむ部分

核

水中で
細かい毛を
動かして泳ぐ。

(3) 多細胞生物

◆ 多くの細胞からなる生物を，＿＿＿＿＿という。

◆ 形やはたらきが同じ細胞が集まって＿＿＿＿をつくる。

いくつかの種類の組織が集まって1つの形をもち，

決まったはたらきをする部分を＿＿＿＿という。

いくつかの器官が集まって＿＿＿＿がつくられる。

> 植物の葉，茎，根や，動物の目，心臓，肺などは器官。

植物と動物のからだのなり立ち

✎下の〔 〕の中を入れて，表を完成させましょう。

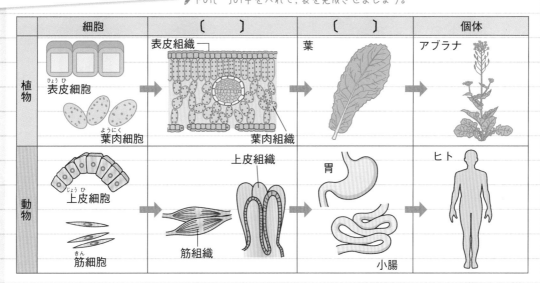

	細胞	〔 　　　 〕	〔 　　　 〕	個体
植物	表皮細胞 葉肉細胞	表皮組織 葉肉組織	葉	アブラナ
動物	上皮細胞 筋細胞	筋組織 上皮組織	胃 小腸	ヒト

2 植物のからだのつくり

(1)水や栄養分の通り道

植物には，水や栄養分を運ぶしくみがある。

- ◎ ＿＿＿＿…根で吸収した水や養分が通る。
- ◎ ＿＿＿＿…葉でつくられた栄養分が通る。
- ◎ ＿＿＿＿…道管と師管が集まっている束状の部分。

> 栄養分は水にとけ
> やすい物質に変化
> する。

> 維管束は，
> 根⇔茎⇔葉とつな
> がっており，植物
> のからだ全体にい
> きわたっている。

(2)根のつくり

根の先端近くには
＿＿＿＿があり，根の表面積を大き
くして水や水にとけた養分
を効率よく吸収する。

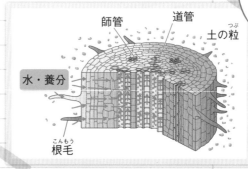

師管　道管　土の粒

水・養分

根毛

(3)茎のつくり

茎の維管束の並び方は，植物によって異なる。
＿＿＿＿では全体に散らばり，＿＿＿＿では輪のよ
うに並んでいる。

茎の維管束

✏下の〔 〕の中を入れて，図を完成させましょう。

〔　　　〕〔　　　〕　　　　　　　　　〔　　　〕〔　　　〕

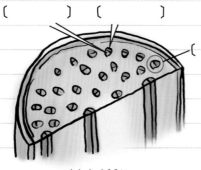

〔

単子葉類

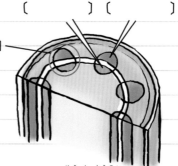

〕

双子葉類

ゴロ

内側が道管
うちの水道管。

うちの♡

(4) 葉のつくり

◆ 葉の内部は細胞が集まってできている。葉の内部の細胞の
中には　　　　　　　がある。
└── 緑色の粒

◆ 葉脈（ようみゃく）は，葉に通っている　　　　　　　　　の部分で，道管と師管
が通っている。

> 葉の表側に近いほう
> に道管，葉の裏側に
> 近いほうに師管があ
> る。

葉のつくり

✏下の〔 〕の中を入れて，図を完成させましょう。

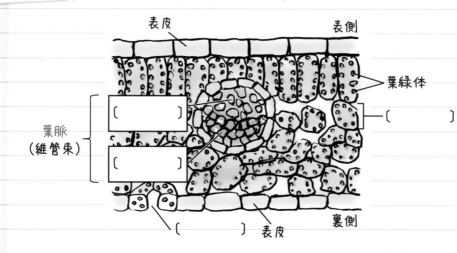

表皮　　　　　　　表側

葉緑体

葉脈
（維管束）

〔　　　　　〕

〔　　　　　〕

〔　　　　　〕

〔　　　　　〕 表皮

裏側

○　　　　　　…葉の表皮にある孔辺細胞（こうへんさいぼう）に囲まれたす
きま。酸素や二酸化炭素の出入り口，
└── 光合成や呼吸による

水蒸気の出口になっている。
└── 蒸散による

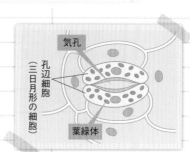

気孔

孔辺細胞
（三日月形の細胞）

葉緑体

◆ 気孔（きこう）は孔辺細胞のはたらきで開閉し，酸素や二酸
化炭素の出入りや体外に出す水蒸気の量を調節している。

3 蒸散

(1)蒸散

◆植物のからだから，水が　　　　　となって，植物の体外に出ていくことを　　　　　という。おもに葉の　　　　で起こる。

> ふつう気孔は昼に開いて夜に閉じる。

◆蒸散が行われることによって，根からの水の吸い上げ(吸水)がさかんになる。

実験

目的 葉の表側と裏側の蒸散量のちがいを調べる。

A　　　　B　　　　C

―油　　　―油　　　―油
―水　　　―水　　　―水

そのまま　葉の表側に　葉の裏側に
　　　　　ワセリンをぬる。　ワセリンをぬる。

> 葉の大きさや枚数が同じ枝を用意する。

> **なぜ?**
> 水面に油を浮かべるのは，水面からの水の蒸発を防ぐため。

> ワセリンをぬったところは気孔がふさがれ，水が出ていかない。

日光のよく当たる場所に数十分置いて，水の減少量を調べる。

結果

		A	B	C
ワセリンをぬった場所		なし	葉の表側	葉の裏側
蒸散が行われた場所	葉の表側	○	―	○
	葉の裏側	○	○	―
	茎	○	○	○
水の減少量〔cm³〕		7.6	6.3	1.7

葉の表側からの蒸散量＝Aの水の減少量－Bの水の減少量

　　　　　　　　　　＝　　　　－　　　　＝　　　　〔cm³〕

葉の裏側からの蒸散量＝Aの水の減少量－Cの水の減少量

　　　　　　　　　　＝　　　　－　　　　＝　　　　〔cm³〕

茎からの蒸散量＝7.6－(　　　＋　　　)

　　　　　　　＝　　　　〔cm³〕

> 茎でも蒸散が起こっている。

葉の　　　　からの蒸散量が多い。

→ 気孔は葉の裏側に多くある。

◉ 顕微鏡の使い方

ステージ上下式顕微鏡

✏️下の〔　〕の中に各部分の名称と言葉を入れて，図を完成させましょう。

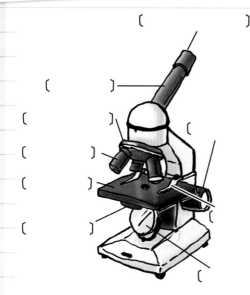

〔　　　　　〕
〔　　　　〕
〔　　　〕
〔　　　〕
〔　　　〕
〔　　　〕
〔　　　〕
〔　　　〕

<プレパラートの動かし方>
・見るものを右によせるには？

プレパラートを
〔　　　〕に動かす。

像を移動させる向き

・見るものを上にあげるには？

像を移動させる向き

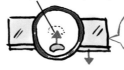

プレパラートを
〔　　　〕に動かす。

※これは像の上下左右が実物と逆になっている場合。
　上下左右が逆にならない顕微鏡もあるので，
　使っている顕微鏡を確認！

①顕微鏡を直射日光の当たらないところに置く。

②接眼レンズ→対物レンズの順につける。

③　　　　　　　を動かして，視野を明るくする。

④プレパラートをステージにのせる。

⑤横から見ながら，対物レンズとプレパラートをできるだけ　　　　　　　　　。

⑥接眼レンズをのぞき，対物レンズとプレパラートを遠ざけながらピントを合わせる。

⑤

⑥

なぜ？
対物レンズとプレパラートがぶつからないようにするため。

顕微鏡の倍率＝　　　　　　　　　の倍率×　　　　　　　　　の倍率

4 光合成と呼吸

(1)光合成

植物が光を受けて＿＿＿＿＿＿＿＿＿＿などの栄養分をつくる

はたらきを＿＿＿＿＿＿といい、葉の＿＿＿＿＿＿で行われる。

↳ 緑色をした小さな粒

光合成のしくみ ✐下の〔 〕の中に言葉を入れて、図を完成させましょう。

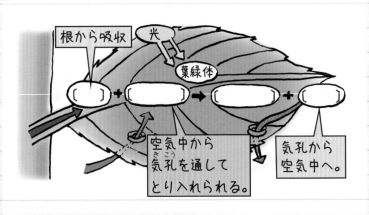

ゴロ

水　二酸化炭素
水着の兄さん
日光
光をあびて
デンプン　酸素
デートでサングラス

水と二酸化炭素から、光のエネルギーを利用してデンプン

などの栄養分と酸素ができる。

実験

目的 光合成が葉緑体で行われていることや、

光が必要であることを調べる。

ヨウ素液に
つける。

ふの部分

アルミニ
ウムはく

アルミニウム
はくでおおった
部分。

日光に十分当てる。

ふの部分には
葉緑体がない。

デンプンがあると
ころは、ヨウ素液
で青紫色になる。

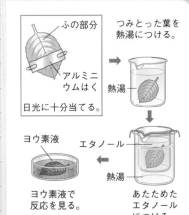

ふの部分

つみとった葉を
熱湯につける。

アルミニ
ウムはく

熱湯

日光に十分当てる。

ヨウ素液

エタノール

熱湯

ヨウ素液で
反応を見る。

あたためた
エタノール
につける。

なぜ？
葉を脱色するため。

結果 葉の緑色の部分にデンプンができた。

ふの部分やアルミニウムはくでおおった部分には

デンプンができなかった。

↓

葉緑体で光合成が行われている。

光合成には光が必要である。

(2) 呼吸 (こきゅう)

光合成でつくった ＿＿＿＿＿＿＿ を, ＿＿＿＿＿ を使って分解
して, 生命活動のためのエネルギーをとり出すはたらき。
1日中行っている。

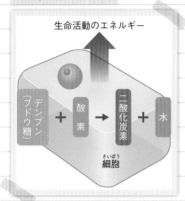

呼吸では酸素を吸って
二酸化炭素を出す。

気体の出入りは
気孔で行われる。

呼吸と光合成は
逆のはたらき。

(3) 光合成と呼吸の気体の出入り

◆昼の日光が強いときは, 呼吸による気体の出入りより,
　光合成による気体の出入りのほうが多いため,
　植物全体として ＿＿＿＿＿＿＿ を吸収し,
　＿＿＿＿＿ を出す。

◆夜などの日光の当たらないときは, 呼吸だけを
　行うため, ＿＿＿＿＿ を吸収し, ＿＿＿＿＿＿＿ を
　出す。

光合成と呼吸

✐下の〔 〕の中に矢印を入れて, 図を完成させましょう。

出入りする気体の量を矢印の太さで表すこと。

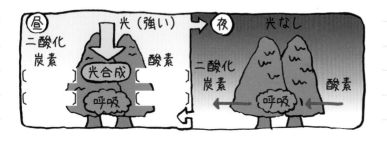

確認テスト③

●目標時間：３０分　●１００点満点　●答えは別冊 22 ページ

1 右の図は，植物の細胞（さいぼう）を模式的（もしきてき）に表したものです。次の各問いに答えなさい。　　　　　　　　＜4点×6＞

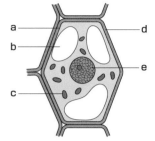

(1) 染色液（せんしょくえき）で染まるのはa〜eのどれですか。１つ選び，記号で答えなさい。〔　　　　　　　〕

(2) 植物の細胞だけに見られるつくりをa〜eからすべて選び，記号で答えなさい。〔　　　　　　　〕

(3) a，c，dの名称（めいしょう）を答えなさい。

a〔　　　　　　　〕　　c〔　　　　　　　〕　　d〔　　　　　　　〕

(4) 細胞を観察するとき，10倍の接眼レンズと40倍の対物レンズを使った場合，顕微鏡（けんびきょう）の倍率は何倍ですか。〔　　　　　　倍〕

2 図１はある植物の茎（くき）の横断面とその一部を拡大したもの，図２は葉の断面を模式的に表したものです。次の各問いに答えなさい。　　　＜5点×7＞

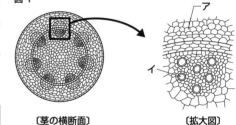

〔茎の横断面〕　　〔拡大図〕

(1) 図１の□で囲まれた部分の名称を答えなさい。

〔　　　　　　　　〕

(2) 図１と図２で，根から吸収した水や養分が通る管はどれですか。ア〜エからそれぞれ選び，記号で答えなさい。

図１〔　　　　　　　〕　　図２〔　　　　　　　〕

(3) (2)の管の名称を答えなさい。〔　　　　　　　　〕

(4) この植物は，単子葉類（たんしようるい）と双子葉（そうしよう）類のどちらですか。〔　　　　　　　　〕

(5) 図２のAのすきまを何といいますか。〔　　　　　　　　〕

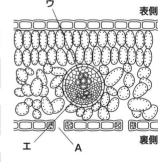

図２

(6) 図２のAは，気体の出入り口になっています。夜間の気体の出入りはどのようになっていますか。次のア〜エから１つ選び，記号で答えなさい。〔　　　　　　　　〕

ア　二酸化炭素が入り，酸素が出る。　　イ　酸素が入り，二酸化炭素が出る。

ウ　水蒸気が入り，酸素が出る。　　エ　二酸化炭素が入り，水蒸気が出る。

3 葉の数や大きさが同じホウセンカを4本用意し，右の図のような装置をつくりました。水面に食用油を注ぎ，これらを明るい風通しのよい場所に一定時間置いて，水の減少量を調べました。表はその結果です。これについて，次の各問いに答えなさい。　<5点×5>

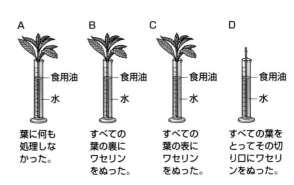

A　葉に何も処理しなかった。
B　すべての葉の裏にワセリンをぬった。
C　すべての葉の表にワセリンをぬった。
D　すべての葉をとってその切り口にワセリンをぬった。

表

試験管	A	B	C	D
水の減少量〔cm³〕	27	9	20	2

(1) 水面に食用油を注いだのはなぜですか。その理由を簡単に書きなさい。

[　　　　　　　　　　　　　　　　　]

(2) Bではどの部分から蒸散が行われていますか。次のア～オから1つ選び，記号で答えなさい。　[　　　　　]

　ア 葉の表　　イ 葉の裏　　ウ 茎　　エ 葉の表と茎　　オ 葉の裏と茎

(3) 表から，葉の表から蒸散した水の量と，葉の裏から蒸散した水の量をそれぞれ求めなさい。

葉の表 [　　　　　　cm³]　　葉の裏 [　　　　　　cm³]

(4) 実験の結果から，ホウセンカの葉の表と裏ではどのようなつくりのちがいがあると考えられますか。簡単に書きなさい。 [　　　　　　　　　　　　　　　　　]

4 ふ（緑色ではない部分）のあるコリウスの葉を，一昼夜暗い場所に置いたあと，図のように葉の一部をアルミニウムはくでおおって光を当てました。葉をつみとり，アルミニウムはくをはずして，あたためたエタノールにひたし，水洗いしてから，ヨウ素液にひたしました。これについて，次の各問いに答えなさい。　<4点×4>

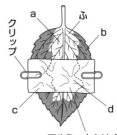

クリップ　a　ふ　b　c　d
アルミニウムはく

(1) あたためたエタノールにひたすのはなぜですか。

[　　　　　　　　　　　　　　　　　]

(2) ヨウ素液にひたしたあと，色が変わるのはどこですか。図のa～dからすべて選び，記号で答えなさい。　[　　　　　]

(3) 光合成には葉緑体が必要なことは，図のa～dのうち，どの部分とどの部分を比べればわかりますか。記号で答えなさい。　[　　　と　　　]

(4) 光合成によってできた栄養分は，何という管を通ってからだ全体に運ばれますか。その管の名称を答えなさい。　[　　　　　]

1 消化と吸収

(1) 消化のはたらき

食物は, 歯でかみくだかれたり, 消化液にふくまれている

［　　　］のはたらきで分解されたりすることによって,

└─ 有機物の消化を助ける

吸収されやすい物質になる。このはたらきを　　　　という。

> 消化管の運動などに
> よっても, 細かくく
> だかれる。

ヒトの消化にかかわる部分

✎下の〔　〕の中を入れて, 図を完成させましょう。

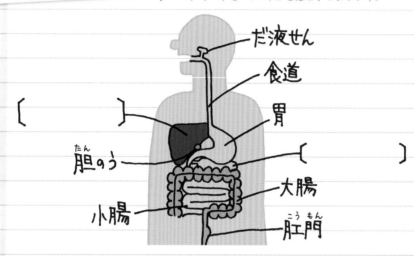

〔　　　〕
だ液せん
食道
胃
胆のう
〔　　　〕
小腸
大腸
肛門

> 口からはじまって,
> 食物が通って排出
> されるまでに通る
> 管を, 消化管とい
> うよ。

実験

目的 だ液によって, デンプンが分解されるかどう
かを調べる。

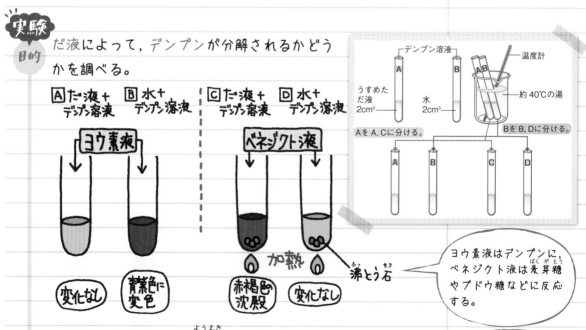

A だ液＋デンプン溶液　B 水＋デンプン溶液　C だ液＋デンプン溶液　D 水＋デンプン溶液

ヨウ素液

ベネジクト液

加熱　沸とう石

変化なし　青紫色に変色　赤褐色の沈殿　変化なし

デンプン溶液
A　B
うすめた
だ液
2cm³
水
2cm³
温度計
約40℃の湯
AをA, Cに分ける。
BをB, Dに分ける。
A　B　C　D

> ヨウ素液はデンプンに,
> ベネジクト液は麦芽糖
> やブドウ糖などに反応
> する。

結果 だ液を加えたデンプン溶液は, デンプンが分解されて,
ブドウ糖分子がいくつか結びついたものができた。

→だ液にはデンプンを消化するはたらきがある。

> だ液にふくまれる消
> 化酵素アミラーゼの
> はたらき。

42

◉ 消化にかかわる消化液と消化酵素

消化液	ふくまれる消化酵素	はたらき
だ液	アミラーゼ	炭水化物を分解
胃液	ペプシン	タンパク質を分解
胆汁	消化酵素はふくまない	脂肪の消化を助ける
すい液	トリプシン	タンパク質を分解
	リパーゼ	脂肪を分解
小腸のかべの消化酵素	多種	炭水化物やタンパク質を分解

> デンプンなどを炭水化物という。

> すい液にはアミラーゼもふくまれる。

◉ 栄養分が消化されて最終的にできる物質

・炭水化物　→ ＿＿＿＿＿＿＿＿＿＿

・タンパク質　→　アミノ酸

・脂肪　→　＿＿＿＿＿＿とモノグリセリド

> ブドウ糖とアミノ酸は柔毛内の毛細血管に入り、肝臓を通って全身へ運ばれる。ブドウ糖の一部は肝臓でグリコーゲンに変えられてたくわえられる。

(2)吸収のはたらき

消化によって、吸収されやすい物質に変化したものの多くは、小腸のかべにあるひだの表面の＿＿＿＿＿から吸収される。
水分はおもに小腸で吸収されるが、一部は＿＿＿＿＿から吸収される。
吸収されなかった物質は、便として肛門から排出される。

> 脂肪酸とモノグリセリドは、柔毛の表面から吸収されたあと、再び脂肪になって柔毛内のリンパ管に入る。

柔毛のはたらき

✎下の〔　〕の中を入れて、図を完成させましょう。

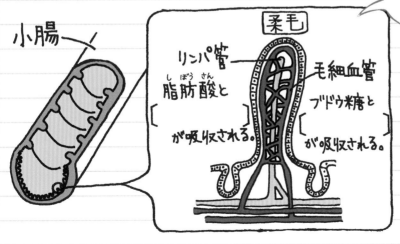

小腸

柔毛

リンパ管
脂肪酸と
＿＿＿＿が吸収される。

毛細血管
ブドウ糖と
＿＿＿＿が吸収される。

> なぜ？
> 柔毛がたくさんあると、栄養分にふれる面積が大きくなり、効率よく吸収できるよ。

2 呼吸のはたらき

(1)肺による呼吸

◆ヒトが，鼻や口から吸いこんだ空気は，気管を通って

　　　　　に入る。気管の先は枝分かれしていて，その先は

　　　　　につながっている。

┗ たくさんの小さなふくろ

◆肺胞は毛細血管におおわれていて，肺胞内の空気から毛細

　血管中の血液に　　　　　がとりこまれ，また，毛細血管中の

　血液から肺胞内の空気へ　　　　　が受け渡される。

◆肺胞内の空気は，気管を通って鼻や口から体外に放出される。

　　→このようなはたらきを肺による呼吸という。

呼吸によってとり入れられた酸素は，養分からエネルギーをとり出すために必要だよ。

肺による呼吸

　下の〔　〕の中を入れて，図を完成させましょう。

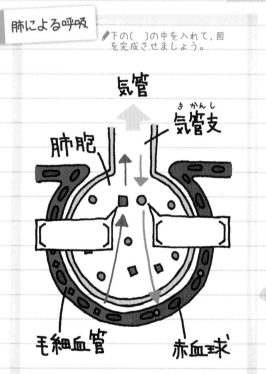

気管

気管支

肺胞

毛細血管

赤血球

肺と肺胞のつくり

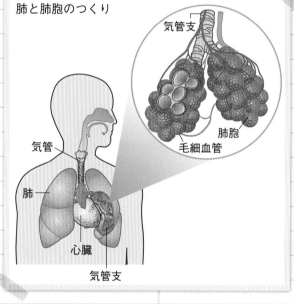

気管支

肺胞

毛細血管

気管

肺

心臓

気管支

吸気(吸う息)と呼気(はく息)の成分

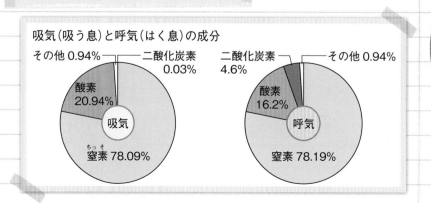

その他 0.94%　　二酸化炭素 0.03%

酸素 20.94%

吸気

窒素 78.09%

二酸化炭素 4.6%　　その他 0.94%

酸素 16.2%

呼気

窒素 78.19%

なぜ?

肺胞がたくさんあると，表面積が大きくなり，効率よく気体の交換ができるよ。

ハイ その通り！！

(2)肺への空気の出入り

◆肺は、　　　　　　　　や　　　　　　　　　　などによって囲まれた空間

　　　　　胸部の骨格　　　　肺の下部にある膜

の中にあり、ろっ骨や横隔膜の動きによって空間が広がる

と肺が広がり、空間がせまくなると肺が縮む。この動きに

よって肺に空気が出入りする。

> 空気が吸いこまれる。

> 空気がはき出される。

肺への空気の出入り

🖊下の〔　〕の中を入れて、図を完成させましょう。

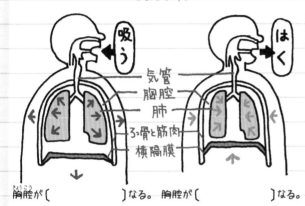

気管
胸腔
肺
ろっ骨と筋肉
横隔膜

胸腔が〔　　　　　　〕なる。　胸腔が〔　　　　　　〕なる。

肺の模型

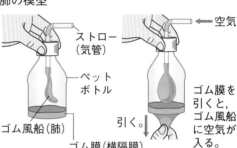

ストロー（気管）

ペットボトル

ゴム風船（肺）

ゴム膜（横隔膜）

引く。↓

空気 ←

ゴム膜を引くと、ゴム風船に空気が入る。

(3)細胞による呼吸

◆肺からとり入れられた　　　　　　　と、小腸から吸収された

　　　　　　　は、血液によって全身の細胞に運ばれる。養分は

酸素によって分解され、エネルギーがとり出される。---

◆このとき、二酸化炭素と　　　　　ができ、二酸化炭素は細胞

の外に出される。

　　　→このようなはたらきを、細胞による呼吸という。

> エネルギーは、生きるためのさまざまな活動に使われる。

細胞による呼吸

🖊下の〔　〕の中を入れて、図を完成させましょう。

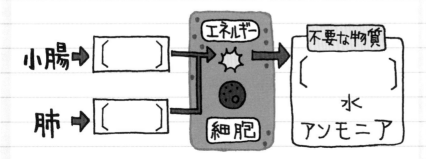

小腸 →〔　　　〕

肺 →〔　　　〕

エネルギー

細胞

不要な物質〔　　　〕

水
アンモニア

> 肺による呼吸を外呼吸、細胞による呼吸を内呼吸というよ。

3 血液の循環

(1)心臓のつくりとはたらき

◆心臓は血液を全身に循環させるポンプのはたらきをしている。

◆心臓は　　　　　　　でできており、規則正しく収縮する運動に
　　　　　└ 収縮する組織

よって血液を送り出している。この運動を　　　　　　という。

> 動脈で感じられる拍
> 動を脈拍という。

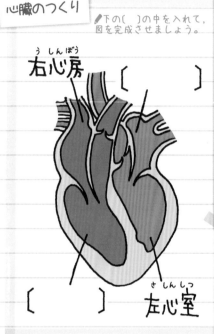

心臓のつくり

✍下の〔　〕の中を入れて、
図を完成させましょう。

右心房

〔　　　　　　〕

〔　　　　　〕　　左心室

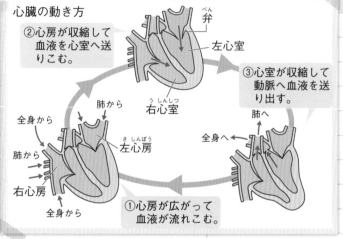

心臓の動き方

②心房が収縮して
血液を心室へ送
りこむ。

弁

左心室

右心室

③心室が収縮して
動脈へ血液を送
り出す。

全身から
肺から

左心房

肺へ
全身へ

右心房

全身から

①心房が広がって
血液が流れこむ。

(2)血液の循環

◆心臓から送り出される血液が流れる血管を
　　　　　　　という。また、心臓へもどってくる血液
　└ かべが厚い血管

が流れる血管を　　　　　　という。
　　　　　　└ 弁がある血管

◆動脈と静脈の間は、全身の組織の毛細血管でつな

がっている。

◆心臓から送り出された血液が、毛細血管を通り、心臓にも

どる流れを、血液の　　　　　　という。

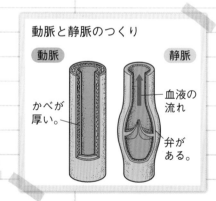

動脈と静脈のつくり

動脈　　　　　　　静脈

かべが
厚い。

血液の
流れ

弁が
ある。

◎肺循環と体循環

・肺循環…心臓から出た血液が、肺を通り心臓へもどる経路。

・体循環…心臓から出た血液が、全身を通り心臓へもどる経路。

◉動脈血と静脈血

・動脈血…肺を通ったあとの, 酸素を多くふくむ血液。

　　→肺静脈と動脈に流れる。

・静脈血…全身の器官や組織を通ったあとの, 二酸化炭素

　　を多くふくむ血液。→肺動脈と静脈に流れる。

肺循環では, 動脈血が静脈を流れ, 静脈血が動脈を流れることに注意。

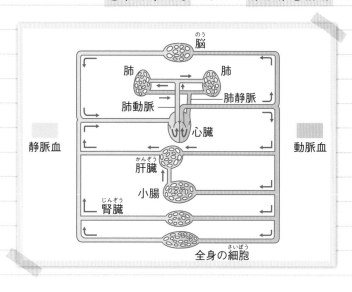

小腸と肝臓をつなぐ血管を門脈という。門脈は最も養分を多くふくむ血液が流れている。

（3）血液

◆血管を流れる血液のおもな成分は, 赤血球や　　　　　　　　,

血小板などの血球と, 透明な液体の　　　　　　　　である。

◆毛細血管からしみ出た血しょうは,　　　　　　　となって細

胞のまわりを満たす。

血液の成分とはたらき

✐下の〔　〕の中を入れて, 図を完成させましょう。

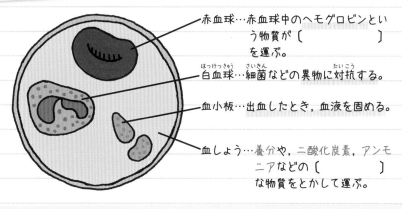

赤血球…赤血球中のヘモグロビンという物質が〔　　　　　　　〕を運ぶ。

白血球…細菌などの異物に対抗する。

血小板…出血したとき, 血液を固める。

血しょう…養分や, 二酸化炭素, アンモニアなどの〔　　　　　　　〕な物質をとかして運ぶ。

ヘモグロビンには, 酸素が多いところ（肺胞など）では酸素と結びつき, 酸素が少ないところでは酸素をはなす性質があるよ。

◎血液と細胞の間の物質の交換

・血液から細胞…赤血球が運んできた　　　　　や，
血しょうが運んできた養分を渡す。

・細胞から血液…細胞の活動によって出された二酸化炭素
や　　　　　　　　などの不要物を渡す。

> 細胞と血液の間で，組織液が，酸素や養分，不要物の受け渡しのなかだちをする。

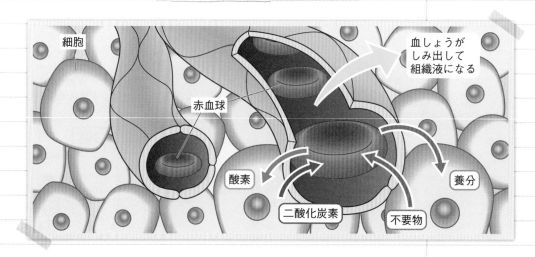

(4)血液の流れの観察

ヒメダカなどの尾びれの部分を顕微鏡で観察すると，
血液が血管を流れるようすを観察することができる。

観察

目的　ヒメダカの尾びれの部分で，
血液中の血球や血液の流れを観察する。

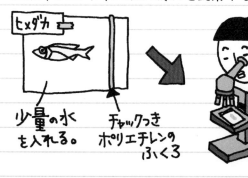

少量の水
を入れる。　　チャックつき
ポリエチレンの
ふくろ

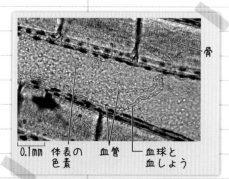

0.1mm　体表の　血管　血球と
　　　　色素　　　　血しょう

骨

結果　血液中の赤血球を観察できた。
血液が血管の中を決まった方向に流れているようすを観察で
きた。

> 心臓の拍動に合わせて流れる。

4 排出のしくみ

(1)腎臓のはたらき

◆細胞の生命活動によって生じた有害な**アンモニア**は,血液
によって肝臓に運ばれ,無害な　　　　に変えられる。

◆**尿素**は腎臓に運ばれ,不要な物質としてとり除かれる。
とり除かれた物質は,　　　として輸尿管を通って
ぼうこうにためられ,やがて体外に排出される。

なぜ?
アンモニアは,タンパク質が細胞で養分として分解されたときに発生する。

腎臓のつくり

✐下の〔　〕の中を入れて,図を完成させましょう。

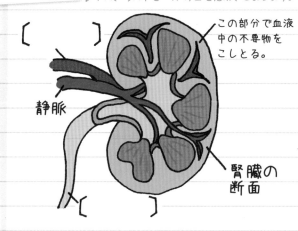

この部分で血液
中の不要物を
こしとる。

静脈

腎臓の
断面

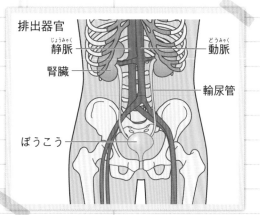

排出器官

静脈　　　　　　動脈

腎臓

輸尿管

ぼうこう

(2)体内の物質移動と生命の維持

動物は,体外からさまざまな物質をとり入れ,
その物質を使うことによって生命を維持している。

●肺による呼吸…酸素がとり入れられ,
　　　　　　　　二酸化炭素が放出される。

●消化と吸収…とり入れられた食物が消化され,おもに小腸
　　　　　　　で吸収されて,血液で全身に運ばれる。

●血液の循環…心臓のはたらきで,血液が全身を循環し,
　　　　　　　さまざまな物質を運ぶ。

●細胞による呼吸…血液から養分と酸素を受けとり,エネル
　　　　　　　　　ギーをとり出す。できた二酸化炭素など
　　　　　　　　　の不要物は血液中に出される。

●排出…腎臓などのはたらきによって,不要物を体外に出す。

酸素　二酸化炭素

食物

呼吸

血液の循環

排出　消化

5 感覚器官のしくみ

(1) 刺激と感覚器官

◆ 動物は, 外界から, 光, 音, においなどのさまざまな
　＿＿＿＿を受けとり, 反応をしている。

◆ 動物が刺激を受けとる, 目, 耳, 鼻, 舌, 皮膚などの器官を
　＿＿＿＿器官という。

実験

目的 明るい場所と暗い場所で, ひとみの大きさの
ちがいを観察する。

明るい場所　ひとみ

ひとみは小さくなる。

暗い場所

ひとみは大きくなる。

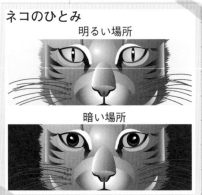

ネコのひとみ

明るい場所

暗い場所

結果 ひとみの大きさは, 明るい場所では小さく,
暗い場所では大きくなった。

なぜ?
ひとみが大きくなる
と, 目に入る光の量
が多くなるので, 暗
くても物が見えやす
くなる。

実験

目的 ヒメダカが刺激に対して反応するようすを観察する。

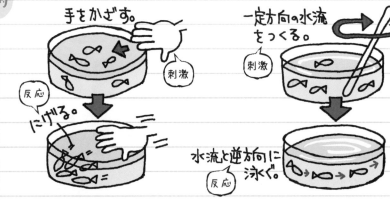

手をかざす。

一定方向の水流
をつくる。

刺激

刺激

反応

にげる。

水流と逆方向に
泳ぐ。

反応

結果 ヒメダカは刺激を受けると決まった行動をとった。

水槽の上に何度も
手をかざすと, ヒ
メダカはあまり反
応しなくなってく
るよ。

(2)いろいろな感覚器官

◆感覚器官には，刺激を受けとる細胞(さいぼう)があり，そこに

　　　　　　がつながっている。

◆神経は　　　　　へと続いていて，感覚器官で受けとった刺激

　は，信号となって神経を通って脳(のう)へ伝えられる。

> 感覚器官からの信号が脳に伝わったときに，刺激として意識される。

いろいろな感覚器官

目（視覚(しかく)）

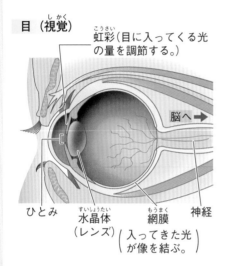

虹彩(こうさい)（目に入ってくる光の量を調節する。）

脳へ→

ひとみ

水晶体(すいしょうたい)（レンズ）

網膜(もうまく)

神経

（入ってきた光が像を結ぶ。）

耳（聴覚(ちょうかく)）

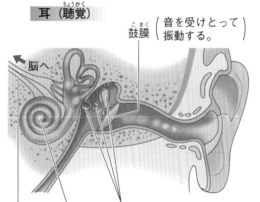

鼓膜(こまく)（音を受けとって振動する。）

脳へ

神経　うずまき管　耳小骨(じしょうこつ)（振動を伝える。）

鼻（嗅覚(きゅうかく)）

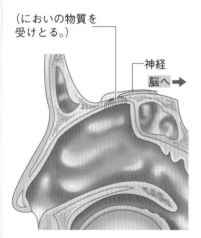

（においの物質を受けとる。）

神経

脳へ→

皮膚（触覚(しょっかく)など）

皮膚（触覚(しょっかく)など）

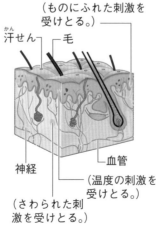

（ものにふれた刺激を受けとる。）

汗(かん)せん　毛

神経

血管

（温度の刺激を受けとる。）

（さわられた刺激を受けとる。）

舌（味覚(みかく)）

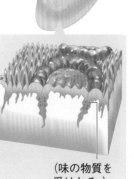

（味の物質を受けとる。）

6 刺激と反応

(1)神経系

◆感覚器官から送られた信号は，脳や脊髄へと伝えられる。

脳や脊髄のように，非常に多くの神経が集まり，判断や命

令などを行う場所を ＿＿＿＿＿ 神経という。

◆中枢神経から枝分かれして全身に広がる神経を

＿＿＿＿＿ 神経という。

→これらの器官をまとめて神経系という。

 神経系 ✎下の〔 〕の中を入れて，図を完成させましょう。

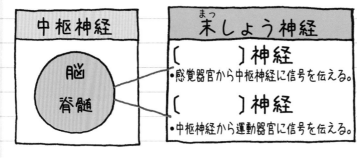

中枢神経	末しょう神経
脳 脊髄	〔 　　　 〕神経 ・感覚器官から中枢神経に信号を伝える。 〔 　　　 〕神経 ・中枢神経から運動器官に信号を伝える。

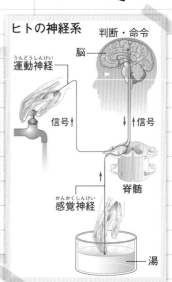

ヒトの神経系

判断・命令

脳

運動神経

信号

信号 信号

脊髄

感覚神経

湯

 実験

目的　目などで受けとる刺激に対する反応を調べる。

ものさし

ものさしをはなす。

つかむ。

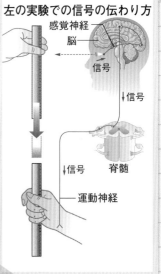

左の実験での信号の伝わり方

感覚神経

脳

信号

信号

脊髄

運動神経

結果　ものさしが落ちるのを目で見て，判断をして，手でつかんでいる。

実験
目的　皮膚で受けとる刺激に対する反応を調べる。

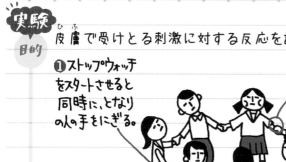

①ストップウォッチ
をスタートさせると
同時に、となりの
人の手をにぎる。

②手をにぎられたら
同時にとなりの人の
手をにぎる。

③最後の人に手を
にぎられたら
ストップウォッチを
止める。

10人で実験をして1.54秒かかった。
→1人あたりにかかった時間…　　　　　　　　秒

左の実験での信号の伝わり方
脳
脊髄
運動神経　感覚神経
にぎる　　にぎられる

結果　手をにぎられたことを感じ，判断をして，反対の手でにぎっ
ている。

脳が「手をにぎる」
という命令を出して
いる。

(2) 反射

◆刺激を受けて，無意識に決まった反応が起きることを
　　　　　　　　という。

◆反射は，信号が脳に伝わる前に　　　　　　　などで命令が出さ
れるので，反応に要する時間が短い。

なぜ?
からだを危険から守
るときなどにつごう
がよいため。

○いろいろな反射

暗い場所では
ひとみが大きく
なる。

熱いものにふれたとき，
無意識に手を引っこめる。

ひざをたたくと
ひざがのびる。

反射での信号の伝わり方
運動神経
感覚神経
脊髄

脊髄が「手をひっこめる」
という命令を出している。

7　からだが動くしくみ

(1)骨と筋肉

動物の手や足などの運動器官は，　　　　と　　　　　のはた

　　　　　　　　　　　　　固い部分　　縮んで動かす

らきによって動く。骨は，からだを支えると同時に，内臓や

脳などを　　　　　　するはたらきをもっている。

> 筋肉は骨についている。

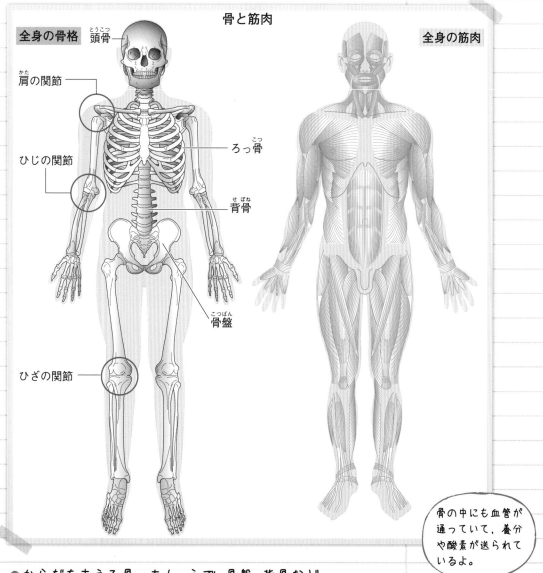

骨と筋肉

全身の骨格　頭骨（とうこつ）

肩の関節（かた）

ひじの関節

ひざの関節

ろっ骨（こっ）

背骨（せぼね）

骨盤（こつばん）

全身の筋肉

> 骨の中にも血管が通っていて，養分や酸素が送られているよ。

◉からだを支える骨…あし，うで，骨盤，背骨など

◉脳を守る骨…頭骨

◉内臓を守る骨…ろっ骨など

(2) ヒトのうでの動き

◆ 骨と骨どうしが, 動きやすい形でつながっている部分を

　　という。 ‒‒‒‒‒‒‒‒‒‒‒‒‒‒‒‒‒‒‒‒‒‒‒‒‒

◆ ヒトのうでの骨は, ひじの部分が関節_{かんせつ}となっている。骨に

　　つく筋肉は, 両端_{りょうたん}が　　　　　　になっていて, 関節をまたいで

　　　　　　　　　└じょうぶな組織

　　2 つの骨についている。

◆ 筋肉は骨をはさんでたがいに向き合うようについてい

　　る。2 つの筋肉の一方が縮む(他方はゆるむ)ことによっ

　　て, ひじなどを曲げたりのばしたりできる。

> からだが曲がる部分
> で, からだの多くの
> 部分にある。

> ひじ以外の部分で
> も, 一対_{いっつい}の筋肉の
> 一方が縮むことに
> よって, からだが
> 動くしくみになっ
> ているよ。

ひじの骨と筋肉の動き

✎下の〔　〕の中を入れて, 図を完成させましょう。

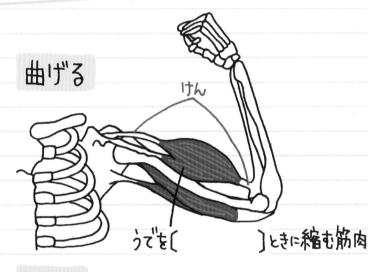

曲げる

けん

うでを〔　　　　　　〕ときに縮む筋肉

のばす

うでを〔　　　　　　　　〕ときに縮む筋肉

けん

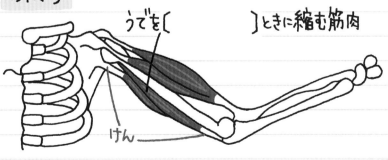

> 筋肉は中枢神経か
> らの信号で収縮す
> る。1 つの筋肉は
> 決まった方向にし
> か収縮できない。

うで全体には, ほかにも多くの筋肉がついていて, それらがはたらき合うこ
とによって, さまざまな動きができる。

確認テスト④

/100

●目標時間：３０分　●１００点満点　●答えは別冊 22 ページ

1 右の図は，消化液のはたらきを示した
ものです。a〜eは消化液を，A〜C
は消化されてできた物質を，それぞれ
表しています。次の各問いに答えなさ
い。　　　　　　　　　　　＜5点×8＞

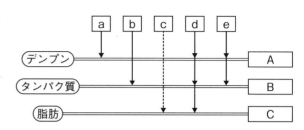

(1) デンプンに最初にはたらく**a**の消化液は何ですか。名称を答
えなさい。　　　　　　　　　　　　　　　　　　〔　　　　　　　　　〕

(2) (1)の消化液にふくまれている消化酵素は何ですか。名称を答
えなさい。　　　　　　　　　　　　　　　　　　〔　　　　　　　　　〕

(3) すい液は，**b〜e**のどれですか。記号で答えなさい。〔　　　　　　　　〕

(4) **b〜e**のうち，消化酵素をもたずに，消化を助けるはたらきをするものはどれですか。記
号で答えなさい。　　　　　　　　　　　　　　　〔　　　　　　　　　〕

(5) 消化されてできる物質**A〜C**を答えなさい。**C**は２つの物質名を答えなさい。

A〔　　　　　　　　　〕　B〔　　　　　　　　　〕

C〔　　　　　　　　　〕〔　　　　　　　　　〕

2 右の図は，ヒトのある器官の一部を拡大し，気体a，bが交
換されるようすを模式的に表した図です。次の各問いに答え
なさい。　　　　　　　　　　　　　　　　　　　　＜4点×5＞

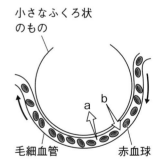

小さなふくろ状
のもの

毛細血管　　　　赤血球

(1) 図の小さなふくろ状のものは何ですか。名称を答えなさい。

〔　　　　　　　　　〕

(2) 気体**a**，**b**はそれぞれ何ですか。名称を答えなさい。

a〔　　　　　　　　　〕　b〔　　　　　　　　　〕

(3) 図に示されているようなからだのはたらきを，何といいます
か。名称を答えなさい。　　　　　　　　　　　　〔　　　　　　　　　〕

(4) **b**の気体は，血液によってからだの各部の細胞に送られ，何
を得るために利用されますか。　　　　　　　　　〔　　　　　　　　　〕

3 右の図は，ヒトの血液循環の経路を模式的に表したものです。次の各問いに答えなさい。 <(1)～(4)3点×4，(5)(6)4点×2>

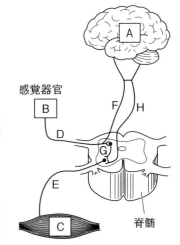

身体上部

肺　a

心臓

b　肝臓　小腸

c

d

腎臓

身体下部

(1) 心臓の４つの部屋のうち，血液が全身に送り出される部屋を何といいますか。名称を答えなさい。

〔　　　　　　　　　　　〕

(2) 血管**a**～**d**のうち，血液中の酸素が最も多い血管を１つ選び，記号で答えなさい。

〔　　　　　　　　　　　〕

(3) 酸素は，赤血球中の何という物質によって運ばれますか。名称を答えなさい。

〔　　　　　　　　　　　〕

(4) 血管**a**～**d**のうち，血液中の尿素が最も少ない部分を１つ選び，記号で答えなさい。 〔　　　　　　　　〕

(5) 血管**a**～**d**のうち，血液中の養分が最も多い部分を１つ選び，記号で答えなさい。

〔　　　　　　　　　　　　　　　　　　　〕

(6) 血液中の血しょうは，全身の毛細血管からしみ出して，細胞のまわりを満たします。このような状態となった液を何といいますか。名称を答えなさい。

〔　　　　　　　　　　　　　　　　　　　〕

4 右の図は，ヒトの神経系を模式的に表したものです。**A**は脳，**B**はある感覚器官，**C**は筋肉，**D**～**H**は信号を伝える神経を表しています。次の各問いに答えなさい。 <4点×5>

感覚器官　B　F　H

D　G

E

C　脊髄

(1) **D**，**E**の神経の名称をそれぞれ答えなさい。

D〔　　　　　　　　　〕 **E**〔　　　　　　　　　〕

(2) 寒さを感じたので上着を着ました。このとき**B**にあてはまる感覚器官は何ですか。名称を答えなさい。

〔　　　　　　　　　　　　　　　　　〕

(3) (2)のとき，刺激を受け，反応が起こるまでの信号が伝わる道すじを，次の**ア**～**エ**から選びなさい。 〔　　　　　　　　〕

ア **B**→**D**→**F**→**A**→**F**→**D**→**B**　　**イ** **B**→**D**→**F**→**A**→**H**→**E**→**C**

ウ **B**→**D**→**G**→**E**→**C**　　　　　　　**エ** **B**→**D**→**G**→**D**→**B**

(4) 熱いやかんにふれて，思わず手を引っこめました。このとき，刺激を受け，反応が起こるまでの信号が伝わる道すじを，(3)の**ア**～**エ**から選びなさい。 〔　　　　　　　　〕

No.

1 電気の利用

(1)電気を利用するしくみ

電気を利用するしくみは、次の3つの部分から成り立つ。

① 電流を流そうとするところ(電源)

② ＿＿＿＿＿ を通すところ(導線)

③ 電気を利用するところ ------------------

> 発光させる、発熱させる、音を出す、物体を回転させる、磁力を発生させるなど、さまざまな利用の方法がある。

電気を利用するしくみ

✎下の〔 〕の中を入れて、図を完成させましょう。

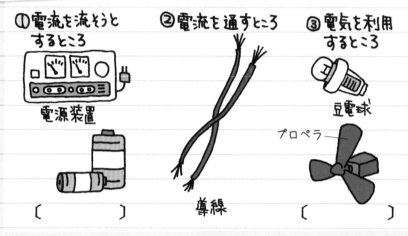

①電流を流そうとするところ
電源装置
〔　　　　　　〕

②電流を通すところ
導線

③電気を利用するところ
豆電球
プロペラ
〔　　　　　　〕

(2)回路

乾電池の ＿＿＿＿＿ と ＿＿＿＿＿ に導線で豆電球をつなぐと、
　　　　　つき出た極　　平らな極

豆電球が光る。このような電流が流れる道筋を ＿＿＿＿＿ という。

> 電流は、電源の＋極から出て、－極に向かって流れるよ。

回路

✎下の〔 〕の中を入れて、図を完成させましょう。

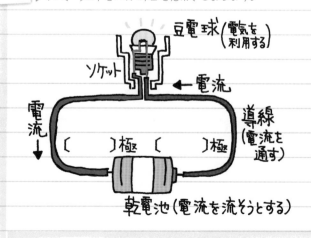

豆電球(電気を利用する)
ソケット
← 電流
電流
導線(電流を通す)
〔　　〕極 〔　　〕極
乾電池(電流を流そうとする)

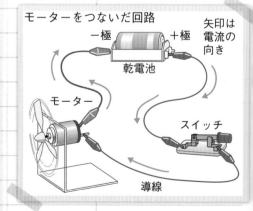

モーターをつないだ回路
矢印は電流の向き
－極　　＋極
乾電池
モーター
スイッチ
導線

（3）豆電球2個の回路

豆電球2個を1個の乾電池につないで明かりをつける
回路では，直列回路と並列回路が考えられる。

直列回路と並列回路

✐下の〔　〕の中を入れて，図を完成させましょう。

◉〔　　　〕回路
…1本の道筋でつながっ
ている回路。

◉〔　　　〕回路
…枝分かれした道筋でつ
ながっている回路。

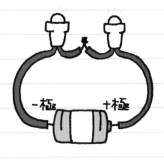

豆電球1個，乾電池2個の回路

直列つなぎ

並列つなぎ

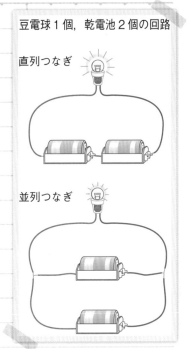

（4）回路図

電気の回路を図で表すときは，電気用図記号を用いた図で
表す。このような図を　　　　　　という。

複雑な回路も，回
路図で表すとわか
りやすくなるよ。

回路図

✐直列回路の回路図にならって，豆電球の並列回路の回路図をかいて
みましょう。

◉豆電球2個，乾電池1個の
直列回路の回路図

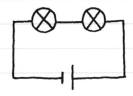

◉豆電球2個，乾電池1個の
並列回路の回路図

電気用図記号

電池または 直流電源	電球	スイッチ	抵抗器または 電熱線	電流計	電圧計	導線の交わり （接続するとき）	導線の交わり （接続しないとき）
 （長い方が＋極）				Ⓐ	Ⓥ		

2 回路に流れる電流

(1) 電流

回路を流れる電流の大きさは，　　　　　　で測定すること
ができる。電流の大きさの単位には，アンペア（記号Ａ）やミ
リアンペア（記号　　　　）が用いられる。----------

> 1A＝1000mA

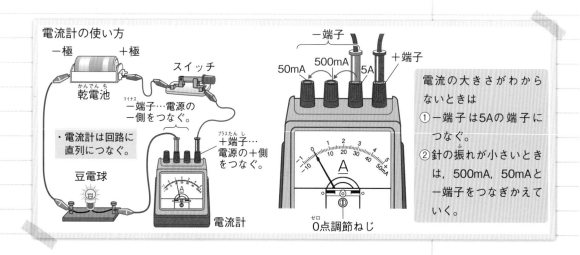

電流計の使い方

－極　　＋極　　スイッチ

乾電池

－端子…電源の
　－側をつなぐ。

・電流計は回路に
　直列につなぐ。

豆電球

＋端子…
　電源の＋側
　をつなぐ。

電流計

－端子

50mA　500mA　5A　＋端子

0点調節ねじ

電流の大きさがわから
ないときは
①一端子は5Aの端子に
　つなぐ。
②針の振れが小さいとき
　は，500mA，50mAと
　一端子をつなぎかえて
　いく。

(2) 回路を流れる電流

回路を流れる電流の大きさを調べると，豆電球に流れこむ前
と，豆電球から流れ出たあとで，電流の大きさは
　　　　　　　　　　。

> 豆電球やモーター
> のような電気を利
> 用するところを通
> っても，電流の大
> きさが小さくなっ
> たりはしないよ。

回路を流れる電流の大きさ

✎下の〔　〕の中を入れて，図を完成させま
しょう。

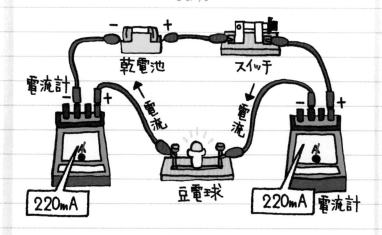

－　＋
乾電池　　スイッチ

電流計

－　＋

↖電流

電流

－　＋

220mA　　豆電球　　220mA　電流計

豆電球に流れこむ前後で，電流は〔　　　〕大きさ。

電流を川の水でたとえると…

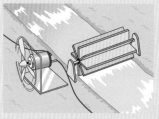

流れる水の量は水車を回した
あとでも変わらない。

実験

目的
直列回路と並列回路で, 電流の流れ方と特徴を調べる。

● 直列回路

回路のA点, B点, C点を流れる電流の大きさを電流計で調べる。

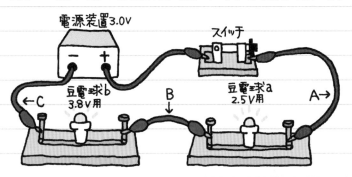

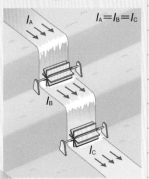

直列回路の電流を川の水
でたとえると…

I_A　　　　　　$I_A = I_B = I_C$

I_B

I_C

結果
A点…0.2A　　　B点…0.2A　　　C点…0.2A

直列回路を流れる電流の大きさは,

どこでも　　　　　　　　である。

→　$I_A = I_B = $ ╌╌╌╌╌╌╌╌╌╌╌╌╌╌╌╌╌╌╌╌

A, B, C点を流れ
る電流を, それぞ
れ I_A, I_B, I_C とす
る。

● 並列回路

回路のD点, E点, F点, G点を流れる電流の大きさを電流計で調べる。

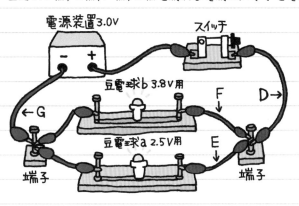

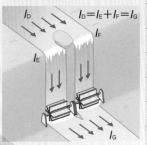

並列回路の電流を川の水
でたとえると…

I_D　　　$I_D = I_E + I_F = I_G$

I_F

I_E

I_G

結果
D点…1.0A　　　E点…0.6A　　　F点…0.4A

G点…1.0A

並列回路を流れる電流では, 枝分かれする前の電流の大き

さは, 枝分かれしたあとの電流の大きさの　　　　に等しい。

→　$I_D = I_E + $ ＿＿＿　$= I_G$ ╌╌╌╌╌╌╌╌╌╌╌╌╌╌

D, E, F, G点を
流れる電流を, そ
れぞれ I_D, I_E, I_F,
I_G とする。

3 回路に加わる電圧

(1)電圧

乾電池や電源装置が回路に電流を流そうとするはたらきを、＿＿＿＿という。電圧の大きさは、＿＿＿＿で測定することができる。電圧の大きさの単位には、ボルト（記号＿＿＿）が用いられる。

> 電圧が大きいほど、回路に電流を流そうとするはたらきが大きい。

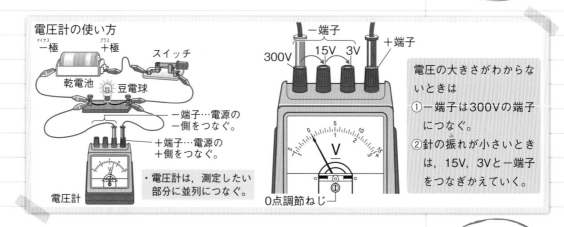

電圧計の使い方

- −端子…電源の−側をつなぐ。
- ＋端子…電源の＋側をつなぐ。
- 電圧計は、測定したい部分に並列につなぐ。

電圧の大きさがわからないときは
①−端子は300Vの端子につなぐ。
②針の振れが小さいときは、15V、3Vと−端子をつなぎかえていく。

(2)回路に加わる電圧

豆電球1個の回路では、乾電池の両端の電圧と、豆電球の両端の電圧は、ほぼ＿＿＿＿。

> 乾電池を直列につないだり、電圧の大きい乾電池をつないだりすると、電圧は大きくなる。

回路に加わる電圧の大きさ

下の〔 〕の中を入れて、図を完成させましょう。

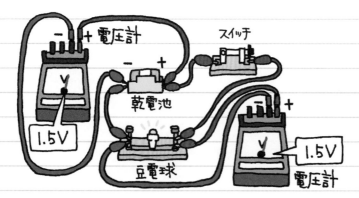

乾電池の両端の電圧と、豆電球の両端の電圧は〔　　〕大きさ。

電圧を滝の水でたとえると…

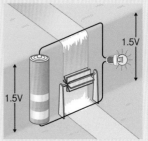

水の落差が大きくなると、水車を回すはたらきが大きくなる。

62

実験
目的 直列回路と並列回路で, 各部分に加わる電圧の特徴を調べる。

● 直列回路

回路のアイ間, 豆電球aの両端, 豆電球bの両端に加わる電圧の大きさを電圧計で調べる。

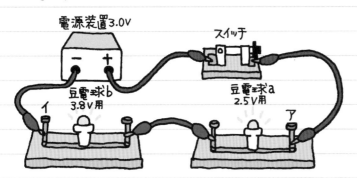

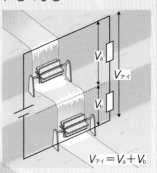

直列回路の電圧を滝の水でたとえると…

$V_{アイ} = V_a + V_b$

結果 アイ間…3.0V　　豆電球a…1.2V　　豆電球b…1.8V

直列回路では, 各部分に加わる電圧の大きさの　　　　は, 全体に加わる電圧の大きさに等しい。

→　$V_{アイ} = V_a +$ ----------------------------

> アイ間, 豆電球a, 豆電球bに加わる電圧をそれぞれ $V_{アイ}$, V_a, V_b とする。

● 並列回路

回路のアイ間, 豆電球aの両端, 豆電球bの両端に加わる電圧の大きさを電圧計で調べる。

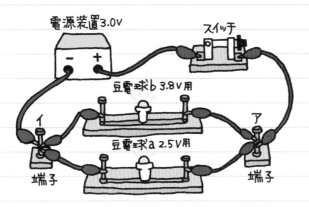

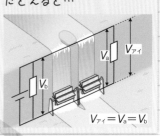

並列回路の電圧を滝の水でたとえると…

$V_{アイ} = V_a = V_b$

結果 アイ間…3.0V　豆電球a…3.0V　豆電球b…3.0V

並列回路では, 各部分に加わる電圧の大きさと, 全体に加わる電圧の大きさは　　　　になる。

→　$V_{アイ} = V_a$　　　V_b ----------------------------

> アイ間, 豆電球a, 豆電球bに加わる電圧をそれぞれ $V_{アイ}$, V_a, V_b とする。

4 電流と電圧の関係

(1)オームの法則

電熱線に電流を流すと，電熱線に流れる電流の大きさと，電熱線の両端に加わる電圧の大きさは ＿＿＿＿ する。この関係を，＿＿＿＿ の法則という。

電圧の大きさが2倍，3倍…になると，電流の大きさも2倍，3倍…になる。

実験

目的 回路に加わる電圧と流れる電流の関係を調べる。

①電熱線aの両端に加わる電圧と，流れる電流を測定できる回路をつくる。

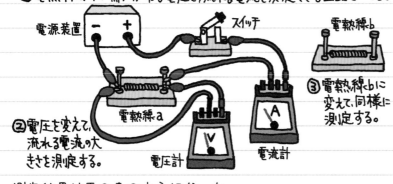

電源装置 － ＋ スイッチ 電熱線b

②電圧を変えて，流れる電流の大きさを測定する。

電熱線a 電圧計 電流計

③電熱線bに変えて，同様に測定する。

電熱線のかわりに，抵抗器を使ってもよい。

ガッテン 抵抗器 代わりにたのむよ！ 電熱線

結果 測定結果は下の表のようになった。

電圧〔V〕		0	2.0	4.0	6.0	8.0	10.0
電流〔A〕	電熱線a	0	0.06	0.14	0.20	0.26	0.34
	電熱線b	0	0.11	0.20	0.30	0.41	0.49

電流と電圧の関係

✎上の実験の数値を用いて，右のグラフに電熱線bのグラフをかき入れましょう。

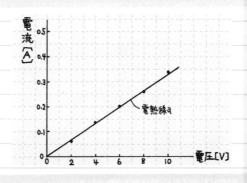

電流〔A〕 電熱線a 電圧〔V〕

原点を通る直線のグラフは，比例の関係を表すグラフ。

(2)抵抗

◆電流の流れにくさを電気抵抗または ＿＿＿＿ という。抵抗の大きさの単位には，オーム（記号 ＿＿＿ ）が用いられる。

◆オームの法則を式で表すと，次のようになる。

電圧〔V〕＝抵抗〔Ω〕×電流〔A〕

$$V = R \times I$$
電圧 抵抗 電流

$I = \dfrac{V}{R}$ または $R = \dfrac{V}{I}$ と形を変えることもできる。

◉物質の種類と抵抗のちがい

・一般に、金属の抵抗は小さく、電流を通しやすい。このような物質を　　　　　という。

・ガラスやゴムなどは、抵抗がきわめて大きく、ほとんど電流を通さない。このような物質を　　　　　または絶縁体という。

いろいろな物質の抵抗

	物　質	抵　抗〔Ω〕
導体	金	0.022
	銀	0.016
	銅	0.017
	鉄	0.10
	タングステン	0.054
	ニクロム	1.1
不導体	ガラス	$10^{15} \sim 10^{17}$
	ゴム	$10^{19} \sim 10^{21}$

（断面積1mm²、長さ1m、温度20℃）

直列回路と並列回路の抵抗

✎下の〔　〕の中を入れて、図を完成させましょう。

◉直列回路の抵抗

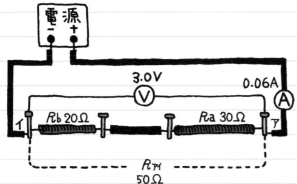

抵抗を直列につなぐと、電流が通りにくい。

直列回路では、全体の抵抗の値は、各部分の抵抗の〔　　　〕に等しい。 → $R_{アイ} = R_a + $〔　　　〕

合成抵抗という。

◉並列回路の抵抗

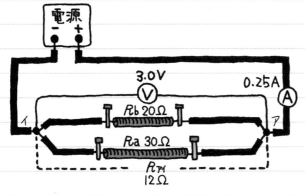

並列回路では、全体の抵抗の値は、1つ1つの抵抗の値よりも〔　　　〕なる。 → $R_{アイ} < R_a$、

$R_{アイ} < $〔　　　〕

$$\frac{1}{R_{アイ}} = \frac{1}{R_a} + \frac{1}{R_b}$$

という関係になる。

5 電気のエネルギー

(1)電力

◆電気のエネルギーは，熱や光，モーターの回転などの
さまざまな形で利用されている。

◆電気器具が，熱や光，音を出したり，物体を動かしたり
する能力を_____といい，単位にはワット
（記号____）が用いられる。

電力〔W〕= 電圧〔V〕× 電流〔A〕

$$P = V \times I$$
電力　電圧　電流

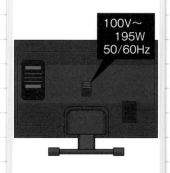

電気器具の消費電力表示

100V〜
195W
50/60Hz

100Vの電源につなぐと195W
の電力を消費する器具の表示。

2つの電球の消費電力

下の〔 〕の中を入れて，図を完成させましょう。

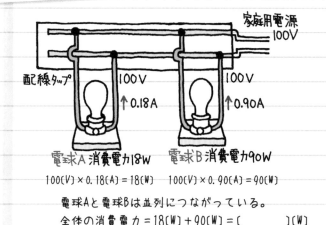

家庭用電源
100V

配線タップ　　100V　　　　100V

↑0.18A　　　　↑0.90A

電球A 消費電力18W　　電球B 消費電力90W

100〔V〕× 0.18〔A〕= 18〔W〕　　100〔V〕× 0.90〔A〕= 90〔W〕

電球Aと電球Bは並列につながっている。

全体の消費電力 = 18〔W〕+ 90〔W〕=〔　　　〕〔W〕

家庭用電源に接
続している電気
器具は，すべて
並列につながっ
ているよ。

(2)熱量と電力量

◆電熱線に電流を流したときに発生する熱エネルギーの量を
熱量といい，単位にはジュール（記号____）が用いられる。
電熱線に一定時間電流が流れたときの熱量は，次の式。

熱量〔J〕= 電力〔W〕× 時間〔s〕

$$Q = P \times t$$
熱量　電力　時間

水1gの温度を1℃
上げるために必要な
熱量は，約4.2J。

 なぜ？

熱量と電力量は，同
じエネルギーの量を
表しているので，同
じ式になる。

◆このとき，電熱線で消費された電気エネルギーを電力量と
いい，同様に，次の式で表される。

電力量〔J〕= 電力〔W〕× 時間〔s〕

$$W = P \times t$$
電力量　電力　時間

◎電力量の単位…Jのかわりにワット時（記号Wh）やキロワット時（記号kWh）が用いられる場合が多い。

$$1 (Wh) = 1 (W) \times 3600 (s)$$
$$= \underline{} (J)$$

> 電気料金の請求書（せいきゅうしょ）など，実用的な場面では，JよりもWhを用いる。

実験

目的 電熱線の発熱量とワット数，電流，電圧の関係を調べる。

①発泡（はっぽう）ポリスチレンのカップに水100 cm³を入れ，空温と同じくらいになったら，水温を調べる。

②右図のような回路をつくり，6.0Vの電圧を加え，電流の値を測定する。

③ときどきかき混ぜながら，1分ごとに水温を5分間測定する。

④ほかの電熱線でも同様に調べる。

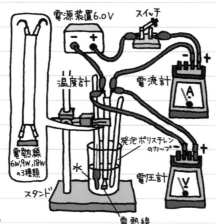

電源装置6.0V　スイッチ
温度計　電流計
電熱線 6W,9W,18Wの3種類
水　発泡ポリスチレンのカップ
電圧計
スタンド
電熱線

> 空温と同じ水温にするのは，電熱線の熱以外による水温変化をさけるため。

水温よーし！

なぜ?
電力〔W〕＝電圧〔V〕×電流〔A〕

結果 測定結果は下の表のようになった。

電圧〔V〕	6.0					6.0					6.0				
電流〔A〕	1.0					1.5					3.0				
電力〔W〕	6W					9W					18W				
開始前の水温〔℃〕	18.1					18.5					18.3				
時間〔分〕	1	2	3	4	5	1	2	3	4	5	1	2	3	4	5
水温〔℃〕	18.8	19.6	20.2	21.0	21.6	19.6	20.6	21.7	22.9	24.1	20.4	22.6	24.8	27.2	29.2
上昇温度〔℃〕	0.7	1.5	2.1	2.9	3.5	1.1	2.1	3.2	4.4	5.6	2.1	4.3	6.5	8.9	10.9
電圧×電流	6.0					9.0					18.0				

・電圧が同じでも，電熱線のワット数が大きいと，水温上昇（じょうしょう）が大きくなる。
　→電熱線が消費する電力が大きいため。
　→熱を発生させる能力が＿＿＿＿＿ため。

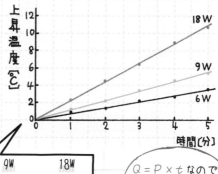

上昇温度〔℃〕
18W
9W
6W
時間〔分〕

・電力が同じでも，電流を流す時間が長いほど，水温上昇が大きくなる。

6W	9W	18W

　→電熱線から発生する熱量が＿＿＿＿＿なるため。

> Q＝P×tなので，t（時間）が長くなるほど，Q（熱量）が大きくなる。

6 電磁石のまわりの磁界

(1)磁力と磁界

◆磁石がもつ,ほかの磁石と引き合ったり,しりぞけ合った
りする力を　　　　といい,この力がはたらく空間を
または磁場という。

◆磁界の中に磁針を置いたときに,磁針のN極が指す向き
を,　　　　　　という。

> 磁針が指す向きを結んでできた線を磁力線という。

磁界と磁力線

✐下の〔　〕の中を入れて,図を完成させましょう。

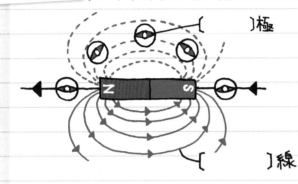

〔　〕極

〔　〕線

棒磁石のまわりの磁界のようす

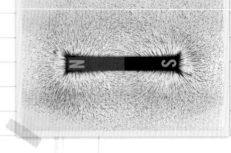

(2)電流と磁界

◆電磁石やコイルのまわりにできる磁界は,流れる
　　　　の向きが変わると,磁界の向きも変わる。

◆また,電磁石やコイルに流れる電流が大きくなると,磁界
の強さが　　　　なる。

電磁石の磁界

✐下の〔　〕の中を入れて,図を完成させましょう。

電流を流す。　　　　　　　電流を切る。

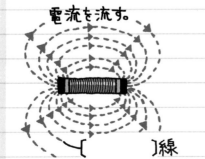　

〔　〕線　　　　〔　〕界が消える。

> 磁力線の間隔がせまいところは,磁界が強い。

実験

目的 コイルのまわりにできる磁界のようすを調べる。

①図のような回路に1A
の電流を流す。

②コイルのまわりに鉄
粉を一様にまく。

③コイルのまわりに磁
針を置き，針の向き
を見る。

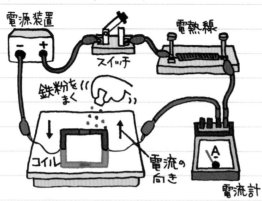

電源装置　スイッチ　電熱線
鉄粉をまく
コイル　電流の向き　電流計

電流が流れているときだけ，磁界ができる。

オホホホ　電流　磁界　しーん

結果 下の図のような磁界ができた。

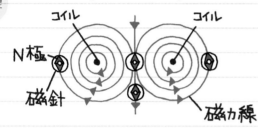

コイル　コイル
N極　磁針　磁力線

電流と磁界

✐下の〔　〕の中を入れて，図を完成させましょう。

◎引きのばしたコイルの磁界

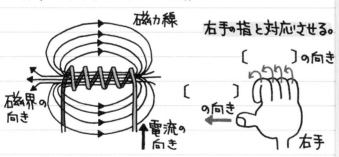

磁力線
磁界の向き
電流の向き

右手の指と対応させる。
〔　　　〕の向き
〔　　　〕の向き
右手

コイルのまわりの磁界のようす

引きのばしたコイルのまわりの磁界のようす

◎1本の導線の磁界

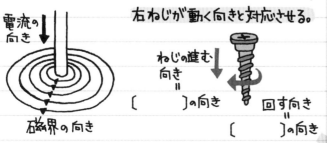

電流の向き
磁界の向き

右ねじが動く向きと対応させる。
ねじの進む向き = 〔　　　〕の向き
回す向き = 〔　　　〕の向き

1本の導線のまわりの磁界のようす

7 電流が磁界の中で受ける力

(1) 電流が磁界から受ける力

磁界の中を通る導線に電流が流れると，導線は　　　　　から
力を受ける。このとき，導線に流れる電流を大きくすると，受
ける力も大きくなる。受ける力の向きは，磁界の向きと
　　　　　の向きによって決まる。

> 磁界の向きを逆に
> すると，力の向き
> は逆になる。電流
> の向きを逆にして
> も，力の向きは逆
> になる。

実験

目的 磁界の中に置いた導線に電流を流すとどうなるのかを調べ
る。

① コイルをU字形磁石の中に
つるし，電流を流して，コイ
ルの動きを調べる。

② 電流や磁界の向きを変え
る。

③ 電流の大きさを変える。

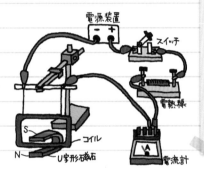

電源装置　スイッチ　電熱線　コイル　N　S　U字形磁石　電流計

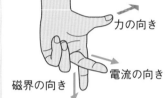

フレミングの左手の法則

力の向き　電流の向き　磁界の向き

電流，磁界，力の向きの関係は，
90°ずつ開いた左手の指に対応。

結果

① 電流を流すとコ
イルが動く。

② 電流や磁界の向
きが変わると，
動く向きが変わる。

③ 電流が大きく
なると，動き
が大きくなる。

電流の向き

> このはたらきを利
> 用した道具がモー
> ターだよ。

モーターのしくみ

① DABCの向きに電流が流れる。　② DABCの向きに電流が流れる。　③ CBADの向きに電流が流れる。

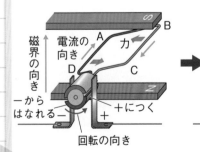

磁界の向き　電流の向き　力　A　B　C　D　－からはなれる　＋につく　回転の向き

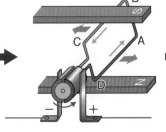

B　C　A　D　－　＋

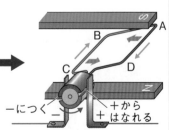

B　A　C　D　－につく　＋からはなれる　－　＋

力の向きが同じなので，
回転し続ける。

(2) 電磁誘導

- ◆コイルの内部の磁界が変化すると, コイルに電流を流そう
  とする電圧が生じる。この現象を　　　　　　といい, こ
  のとき流れる電流を　　　　　　という。

- ◆電磁誘導を利用して, 電流を連続して得られるようにした
  しくみを　　　　　　という。

なぜ?
コイルに磁石を出
し入れすると, コ
イル内の磁界が変
化する。この変化
に逆らおうとし
て, 電磁誘導が起
こる。

実験

目的
コイルと磁石で電流をつくりだすときの条件を調べる。

①図のような回路をつ
くり, コイルに棒磁石
を出し入れする。

②動かす速さや磁石の
極を変える。

③コイルの巻数をふや
す。

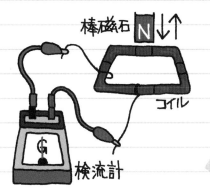

棒磁石 N ↓↑
コイル
検流計

自転車の発電機のしくみ

電球
磁石
コイル

コイルの中で磁石を回転させて
発電する。

結果

- ・コイルに磁石を出し入れすると, 回路に電流が流れた。------
- ・磁石を入れるときと出すときでは, 電流の向きが逆になっ
  た。
- ・磁石の動きを速くすると, 電流が大きくなった。------
- ・磁石の極を変えると, 電流の向きが逆になった。
- ・コイルの巻数をふやすと, 電流が大きくなった。

磁石がコイルの中
で止まっていると
きは, 磁界が変化
しないので, 電流
は流れない。

なぜ?
磁石の動きが速い
と, 磁界の変化が
激しいから。

(3) 直流と交流

乾電池から流れる電流のように, 一
定の向きに流れる電流を　　　　　と
いい, 発電機で得られる電流のよう
に, 流れる向きが周期的に入れかわ
る電流を　　　　　という。

オシロスコープで見た直流と交流

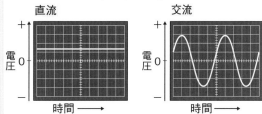

直流 | 交流
電圧 0　時間 ——→ | 電圧 0　時間 ——→

交流の流れる向きと電圧は絶えず変化して, 波のように
見える。1秒あたりの波のくり返しの数を周波数といい,
単位にはヘルツ(記号Hz)を用いる。

8 静電気と電流

(1)静電気

種類が異なる物質どうしをこすり合わせると，

＿＿＿＿が発生する。このとき，物体が静電気を帯びる

ことを＿＿＿＿という。

静電気が生じる理由
こすり合わせると，−の電気
が移動する。

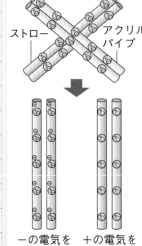

ストロー　　アクリル
パイプ

−の電気を　＋の電気を
帯びる。　　帯びる。

実験

目的 静電気のはたらきを調べる。

①ストロー2本とアクリ
ルパイプ2本をこすり
合わせる。

②ストロー1本を回転台
にのせ，別のスト
ロー，アクリルパイプ
を近づける。

③アクリルパイプ1本を
回転台にのせ，同様に
する。

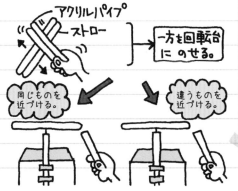

アクリルパイプ
ストロー

一方を回転台
に のせる。

同じものを
近づける。

違うものを
近づける。

結果

● ストローを回転台にのせたとき

　・ストローを近づける。→ しりぞけ合う。

　・アクリルパイプを近づける。→ 引き合う。

● アクリルパイプを回転台にのせたとき

　・ストローを近づける。→ 引き合う。

　・アクリルパイプを近づける。→ しりぞけ合う。

● 異なる 電気は…

● 同じ電気は…

◆ 静電気の生じ方

　ストロー…− の電気を帯びる。（マイナス）

　アクリルパイプ…＋の電気を帯びる。（プラス）

同種の電気を帯びている物体どうしはしりぞけ合う。
異種の電気を帯びている物体どうしは引き合う。

◆ 静電気と放電（ほうでん）

　帯電していた静電気が，別の物体に流れ出し（たいでん）

たり，いなずまのように空気中を移動する現

象を＿＿＿＿という。

放電（いなずま）

(2)真空放電と陰極線

◆放電管の管内の空気を真空ポンプでぬいて気圧を低く
し，数万Vの電圧をかけると，管内に電流が流れる。この
ような現象を　　　　　　　という。

◆蛍光板が入った真空放電管(クルックス管)で真空放電を
起こすと，蛍光板上に線状の光が現れる。このような線を
　　　　　　または電子線という。

照明に使われる蛍
光灯も，放電管の
一種だよ。

陰極線

✎下の〔　〕の中を入れて，図を完成させましょう。

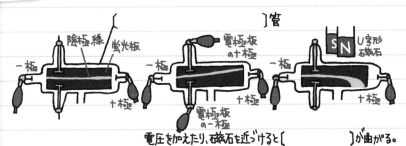

〔　　　〕管

電圧を加えたり，磁石を近づけると〔　　　　　〕が曲がる。

なぜ？

陰極線は電子の流
れだから，一極と
しりぞけ合い，＋
極と引き合う。

(3)電流の正体

◆陰極線の正体は，－の電気を帯びた小さな粒子の流れで
ある。この－の電気を帯びた粒子を　　　　　という。

◆電子は　　　極から　　　　極へと移動する。‐ ‐ ‐ ‐ ‐ ‐

◆導線に電圧を加えたときも，－の電気を帯びた電子が，
＋極のほうへ引かれて移動する。この電子の流れが電流の
正体である。

＋極から－極へと
流れると決められ
ている電流の向き
とは逆である。

電子の移動と電流

✎下の〔　〕の中を入れて，図を完成させま
しょう。

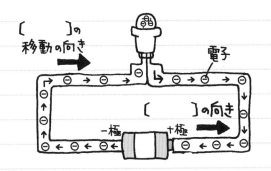

〔　　　〕の
移動の向き

電子

〔　　　〕の向き

－極　　＋極

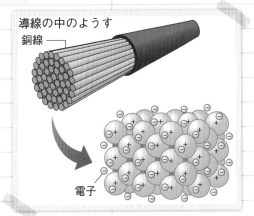

導線の中のようす
銅線

電子

9 放射線の性質

(1)放射線

- ◎ ＿＿＿＿＿＿…Ｘ線，α線，β線，γ線などがある。
  エックスせん　アルファせん　ベータせん　ガンマせん

- ◎ ＿＿＿＿＿＿＿＿…放射線を出す物質。ウラン，放射性カリウム，ラドンなど。

- ◎ ＿＿＿＿＿＿…放射線を出す能力。

- ◎放射線の性質

①目に見えない。

②物体を通りぬける性質がある。(透過性)

③物質の性質を変える。

α線を止める。　β線を止める。　Ｘ線,γ線を弱める。

α線　→

β線 ○

Ｘ線
γ線

紙

アルミニウムなどのうすい金属板　　鉛や鉄の厚い板

放射線の種類によって透過する力が異なる。

1895年にドイツの科学者レントゲンが真空放電の実験をしていたときに放射線を発見したよ。

◆放射性物質は食物や空気，岩石などにふくまれ，放射線が出ている。また宇宙からも放射線が降り注いでいる。このような自然界に存在する放射線を自然放射線という。

宇宙から

空気から

大地から

食物から

◆生物が放射線を大量に浴びると，＿＿＿＿＿が傷ついたり死滅してしまったりする危険性があるので，不要な放射線を受けないよう，とり扱いには注意が必要である。

(2) 放射線の利用

放射線はさまざまな場面で利用されている。 ----------

◆X線(レントゲン)撮影や手荷物検査などは, 放射線の

＿＿＿＿＿＿＿ を利用している。

> おもに人工的に
> つくられた放射線
> が使われる。

X線撮影 　　　　　　手荷物検査

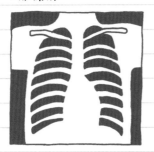 

◆放射線の物質を変化させる性質は, 医療, 農業, 工業などの

いろいろな分野で利用されている。

・医療→がん治療, 医療器具の滅菌など

・農業→ジャガイモの発芽防止, 品種改良など

・工業→ゴムの耐熱性の向上など

がん治療 　　　　　品種改良 　　　　　自動車のタイヤ

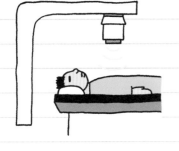  

確認テスト⑤

1 乾電池と，同じ種類の電熱線４個を用いて，図１，図２のような回路をつくりました。次の各問いに答えなさい。

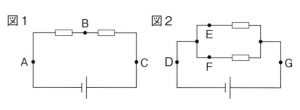

<4点×9>

(1) 図１，図２のような回路を，それぞれ何回路といいますか。

図１ 〔　　　　　回路〕　図２ 〔　　　　　回路〕

(2) 図１の回路で，点 **A**，**B**，**C** を流れる電流を，それぞれ I_A，I_B，I_C とします。

① I_A，I_B，I_C の大きさは，どのような関係になりますか。式の形で表しなさい。　〔　　　　　〕

② I_A が 0.5 A であったとき，I_B は何 A ですか。　〔　　　　　A〕

③ ②のとき，電熱線１個に加わる電圧が 1.5 V でした。図１の回路全体に加わる電圧は何 V ですか。　〔　　　　　V〕

④ ②，③のことから，この電熱線１個の抵抗は何Ωですか。　〔　　　　　Ω〕

(3) 図２の回路で，点 **D**，**E**，**F**，**G** を流れる電流を，それぞれ I_D，I_E，I_F，I_G とします。

① I_D，I_E，I_F，I_G の大きさは，どのような関係になりますか。式の形で表しなさい。　〔　　　　　〕

② I_E が１A であったとき，I_G は何 A ですか。　〔　　　　　A〕

③ ②のとき，電熱線１個に加わる電圧が３V でした。図２の回路全体に加わる電圧は何 V ですか。　〔　　　　　V〕

2 発泡ポリスチレンのカップに 100 g の水を入れ，6 V－9 W，6 V－12 W，6 V－24 W の電熱線を使って右の図のような装置をつくり，それぞれの電熱線に 6 V の電圧で 5 分間電流を流しました。次の各問いに答えなさい。

<5点×4>

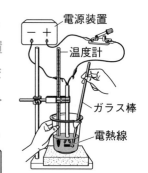

電源装置
温度計
ガラス棒
電熱線

(1) 5 分間電流を流したときに，水の温度上昇が最も大きい電熱線は，6 V－何Wのものですか。　〔6 V－　　　　〕

(2) 5分間電流を流したときに，電熱線で発生した熱量はそれぞれ何Jですか。

6 V – 9 W 〔　　　　　　J〕 6 V – 12 W 〔　　　　　　J〕 6 V – 24 W 〔　　　　　　J〕

3 U字形磁石とコイルを使って，右の図のような装置をつくり，電流が磁界から受ける力を調べました。次の各問いに答えなさい。 <4点×6>

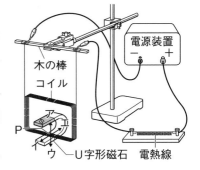

(1) P点での磁石による磁界の向きは，図中の**ア〜エ**のどれですか。 〔　　　　　　　　〕

(2) コイルに電流を流したとき，コイルは**エ**の向きに動きました。次の①，②のように装置を変えたとき，コイルは**ア〜エ**のどの向きに動きますか。

① 電流の向きを反対にする。 〔　　　　　　　　〕

② 磁石のN極とS極が反対になるように置く。 〔　　　　　　　　〕

(3) 電流を流したときのコイルの動きを大きくするにはどうしたらよいですか。次の**ア〜カ**から3つ選びなさい。 〔　　　　〕〔　　　　〕〔　　　　〕

ア 電源装置の電圧を大きくする。　　**イ** 電源装置の電圧を小さくする。

ウ コイルを，巻数の少ないものにかえる。　　**エ** コイルを，巻数の多いものにかえる。

オ 電熱線を抵抗の値が小さいものにかえる。　　**カ** 電熱線を抵抗の値が大きいものにかえる。

4 右の図のように，蛍光板を入れた真空放電管の電極に高電圧をかけたところ，蛍光板に光る線が現れました。次の各問いに答えなさい。 <5点×4>

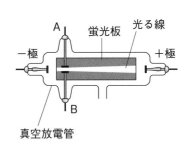

(1) 蛍光板に現れた光る線を何といいますか。 〔　　　　　　　　〕

(2) (1)の線は，何という粒子の流れですか。 〔　　　　　　　　〕

(3) 図の真空放電管の**A**の電極板を＋極に，**B**の電極板を－極につないで電圧をかけると，(1)の線はどうなりますか。次の**ア〜ウ**から選びなさい。

ア **A**の電極板のほうに曲がる。 〔　　　　　　　　〕

イ **B**の電極板のほうに曲がる。

ウ 変化しない。

(4) (3)とは逆に，**A**の電極板を－極に，**B**の電極板を＋極につないで電圧をかけると，(1)の線はどうなりますか。(3)の**ア〜ウ**から選びなさい。 〔　　　　　　　　〕

1 気象の観測・圧力

(1)気象の観測

大気中で起こるさまざまな現象を気象という。

気象情報は，気温，＿＿＿＿，気圧，風向，＿＿＿＿などの

　　　　　　└空気のしめりけの度合い　　└風の強さ

気象要素をもとにつくられる。

気象の変化を予測することは，昔から大切だった。

気象観測のしかた

✏下の〔　〕の中を入れましょう。

◉天気を調べる。

天気は雲量で判断する。

空全体を10としたときの，空を雲がおおっている割合を雲量という。

快晴	晴れ	くもり
雲量 0〜1	2〜8	9〜10

◉気温，湿度を計測する。

気温…地上から1.5mの高さで，温度計の球部に直射日光を当てないようにしてはかる。

湿度…乾湿計の〔　　　〕の示す示度と，乾球と湿球の示す示度の差から，湿度表より読みとる。

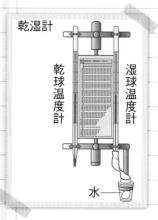

乾湿計

乾球温度計　湿球温度計

水

◉気圧を計測する。

気圧計ではかる。単位はヘクトパスカル(記号hPa)

1気圧＝約〔　　　〕hPa

◉風向，風力を計測する。

風向は風向計で調べ，風力は風力階級表で判断する。

◉天気図の読み方

|天気図記号|

天気，風向，風力を図のように表す。
例：天気…くもり
　風向…北北東
　風力…3

北 風向 風力 ←天気

|等圧線|…気圧が等しい地点を結んだ曲線。1000hPaを基準に4hPaごとに引く。

1000　1020　〔　〕hPaごとに太線を引く。

天気を表す記号	
天気	記号
快晴	◯
晴れ	◐
くもり	◎
雨	●
雪	✳

(2) 圧力

1㎡あたりの面積を垂直におす力を　　　　　　という。

◉ 圧力の単位…　　　　　　　　　（記号：Pa）を用いる。

◉ 圧力を求める公式

> 1 Pa = 1 N/㎡

$$圧力〔Pa〕＝\frac{面を垂直におす力〔N〕}{力がはたらく面積〔㎡〕}$$

> 面積の単位が「㎡」で あることに注意する。

圧力の性質

🖊下の〔　〕の中に言葉を入れて, 図を完成させましょう。

・面を垂直におす力の大きさが一定のとき

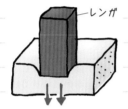

力がはたらく
面積が小さい
⇒圧力が
〔　　　　　〕。

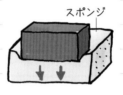

力がはたらく
面積が大きい
⇒圧力が
〔　　　　　〕。

・力がはたらく面積が一定のとき

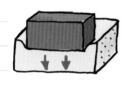

面を垂直に
おす力が小さい
⇒圧力が
〔　　　　　〕。

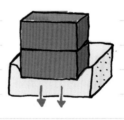

面を垂直に
おす力が大きい
⇒圧力が
〔　　　　　〕。

(例題) 質量800gの図のような物体を床に置きました。
物体をBの面を下にして床に置いたとき, 物体が床に加
える圧力は何Paですか。
ただし, 100gの物体にはたらく重力の大きさを1Nとし
ます。

床を垂直におす力の大きさは,　　　　　〔N〕

Bの面積は, 0.02〔m〕×0.1〔m〕=　　　　　　〔㎡〕

> 面積は「㎡」で 計算する。

床に加える圧力は, $\dfrac{\text{〔N〕}}{\text{〔㎡〕}}$ ＝　　　　　〔Pa〕

> 公式に あてはめる。

2 気圧と風

(1)気圧

◆気圧(大気圧)は、＿＿＿＿＿の重さによって生じる圧力。

◆気圧は、高地になるほど＿＿＿くなり、
海面の高さに近くなるほど＿＿＿くなる。

◆気圧は、＿＿＿＿＿＿＿からはたらく。

 なぜ？

上にある空気の層が
うすくなるため。

気圧　✏下の〔　〕の中を入れて、図を完成させましょう。

大気圧の単位は
ヘクトパスカル(記号hPa)
1hPa＝100Pa
海面(海抜0m)での
大気圧は約1013hPaで、
これを1気圧という。

(2)気圧と風

◆同時刻に観測した気圧の値の等しい地点を結んだ
なめらかな曲線を、＿＿＿＿＿という。

等圧線の間隔が
せまいほど風は強い。

◆風は、気圧の＿＿＿いところから、＿＿＿いところに
向かってふく。

風は、空気が移動す
る現象。

気圧と風　✏下の〔　〕の中を入れて、図を完成させましょう。

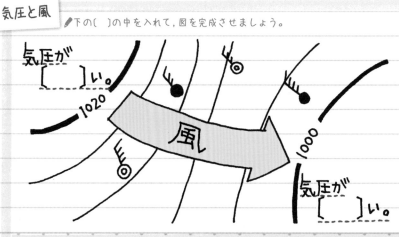

天気図記号の風
向をたどってい
くと、風が移動
する方向がわか
るね。

(3)高気圧と低気圧

等圧線は, 必ずもとの位置にもどる閉じた曲線になる。

等圧線で囲まれた周辺より気圧が高い部分を　　　　　とい

い, 周辺より気圧が低い部分を　　　　　という。

台風は, 低気圧が
発達してできた
ものだよ。

大きくなりました…

◎高気圧

・中心部のほうが周辺よりも気圧が高い。

→ 中心部から周辺へ向かって, 時計回りに風がふく。

・空気は, 上空から地上に向かって移動する。

→　　　　　気流という。

◎低気圧

・中心部のほうが周辺よりも気圧が低い。

→ 周辺から中心部へ向かって, 反時計回りに風がふく。‑‑‑

・空気は, 地上から上空に向かって移動する。

→　　　　　気流という。

風が, うずを巻くよ
うにふきこむ。

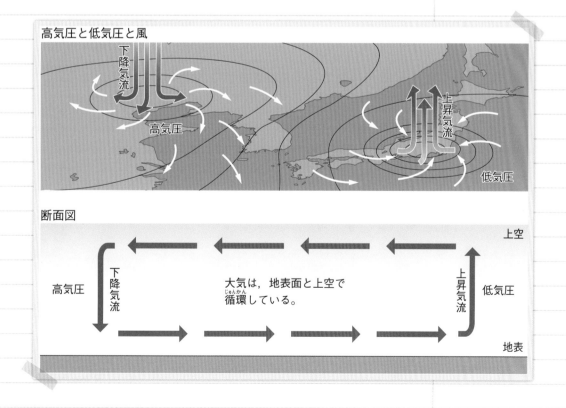

3 気団と前線

(1) 気団と前線

◆ 大陸上や海上などの広い範囲で，ほぼ一様な気温や湿度などをもつ空気の大きなかたまりを　　　　という。

◆ 気温や湿度などの性質の異なる気団どうしが接すると，すぐには混じり合わずに境界面ができる。この面を　　　　という。前線面が地表面と交わる線を　　　　という。

> 気団は，ほとんど動かない大きな高気圧といえる。

気団と前線

✎ 下の〔 〕の中を入れて，図を完成させましょう。

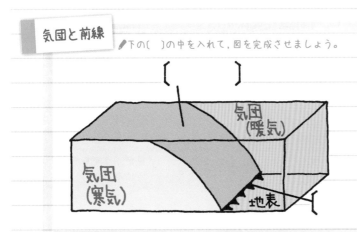

あたたかい空気と冷たい空気が接したときの動き

水槽
線香のけむりを入れる。
しきりを上げる。
氷水

あたたかい空気
前線面　前線
冷たい空気

(2) いろいろな前線

前線には，接し合う気団の性質によって，さまざまな種類のものがある。

> 冷たい空気は，あたたかい空気よりも同体積での重さが重いので，あたたかい空気の下になるよ。

● 寒冷前線…寒気（冷たい空気）が暖気（あたたかい空気）の下にもぐりこみ，　　　　をおし上げながら進む前線。

記号 ▼▼▼▼

● 温暖前線…暖気が寒気の上にはい上がり，　　　　をおしやりながら進んでいく前線。

記号 ●●●

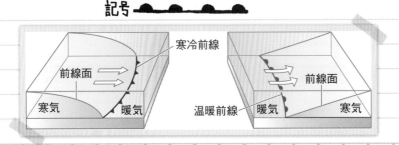

寒冷前線
前線面 ⇒
寒気　　暖気

前線面 ⇒
温暖前線　暖気　　寒気

暖 おおお！
寒 どいたどいた〜 くろ

◎停滞前線…もぐりこもうとする寒気と，はい上がろうとする暖気がぶつかり合って，位置がほとんど動かない前線。

記号 ▼▲▼▲▼

つゆ(梅雨)のころにできる梅雨前線は，停滞前線の一種。

(3) 前線と雲

前線付近では，広い範囲で空気が上昇する。上昇した空気は上空で冷やされるため，空気中の_____が_____に状態変化して，小さな水滴ができる。さらに上空で冷やされると，水滴は_____に状態変化する。これらの水滴や氷の粒が雲となる。

前線でできる雲

✐下の〔 〕の中を入れて，図を完成させましょう。

温帯低気圧の発達と雲の範囲の変化

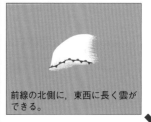

前線の北側に，東西に長く雲ができる。

温暖前線と寒冷前線の区別がはっきりして，雲は北側へふくらんでくる。

寒冷前線に対応する雲が現れ，閉塞前線ができる。

(4) 前線と温帯低気圧

中緯度帯で発生し，前線をともなう低気圧を_____低気圧という。この低気圧の南東側には_____前線が，南西側には_____前線ができ，西から東へ進みながら発達する。

前線と温帯低気圧

✐下の〔 〕の中を入れて，図を完成させましょう。

低気圧の中心がうず状の雲となる。

④ 前線と天気の変化

(1)寒冷前線と天気の変化

◆寒冷前線付近では，暖気が空高くにおし上げられるので，
　　雲が発達する。そのため，強い雨が短時間降るこ
とが多い。また，強風をともなうことも多い。

◆寒冷前線の通過後は，北寄りの風がふき，　　　　におお
われるので，気温が下がる。

前線通過前の風向は
南寄り。

寒冷前線と天気の変化

✐下の（　）の中を入れて，図を完成させま
しょう。

雲

強い雨が
短時間降る。

寒気

暖気

寒冷前線　➡前線の進む向き

寒冷前線，温暖前線付近の風の
ふき方

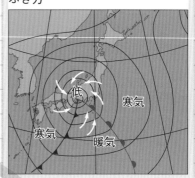

(2)温暖前線と天気の変化

◆温暖前線付近では，暖気が寒気の上にはい上がって進むの
で，　　　雲や高層雲などの雲が広い範囲にできる。そ
のため，おだやかな雨が長時間降り続くことが多い。

◆温暖前線の通過後は，南寄りの風がふき，　　　　におお
われるので，気温が上がる。

乱層雲は「雨雲」
ともよばれる雲
だよ。

温暖前線と天気の変化

✐下の（　）の中を入れて，図を完成させましょう。

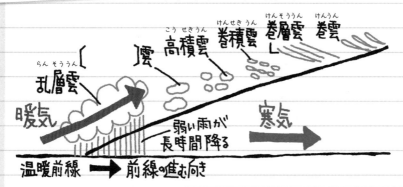

高積雲　巻積雲　巻層雲　巻雲

雲

乱層雲

暖気

弱い雨が
長時間降る

寒気

温暖前線　➡前線の進む向き

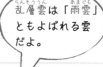

(3)停滞前線と天気の変化

◆停滞前線付近では，厚い雲ができ，また停滞前線
　は動きがおそいので，長期間雨が降り続くことが
　多い。

◆初夏の　　　　　　　前線や，秋の秋雨前線は停滞前線
　である。

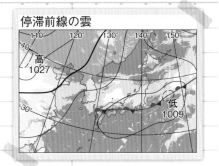
停滞前線の雲

(4)前線の通過と天気の変化

気象観測の結果から，どのような前線がいつ通過したのかを
読みとることができる。

気象観測データと前線の通過

✐下の〔　〕の中を入れて，図を完成させましょう。

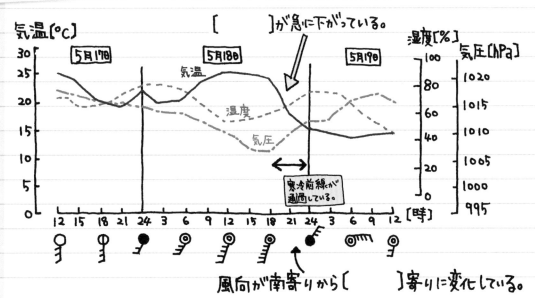

〔　　　　　　〕が急に下がっている。

寒冷前線が通過している。

風向が南寄りから〔　　　　　〕寄りに変化している。

上の観測期間の天気図の変化

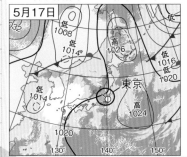
5月17日

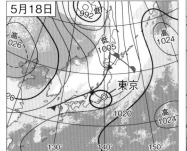
5月18日

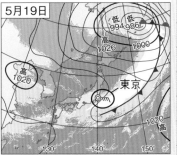
5月19日

5 大気の動き

(1)大気の動き

◆地球上の大気は，太陽から受けとるエネルギー
が大きい　　　　　付近ではあたたかく，受けと
るエネルギーが小さい北極，南極付近では冷た
い。この温度の差があるため，地球上の大気が
循環する。

◆日本列島が位置する地球の中緯度帯の上空に
は，西から東へ向かってふく　　　　　風がふい
ている。

地球上の位置の表し方

北極点（北緯90度）
中緯度帯　高緯度帯
低緯度帯　　　　　日本列島
　　　　　60度
　　　　　30度
中緯度帯　　0度
　　　　　30度
高緯度帯　　60度
　　　　　赤道（0度）
南極点（南緯90度）

地球規模での大気の動き

✎下の〔 〕の中を入れて，図を完成させましょう。

極付近では，
〔　　　〕気流が
発生する。

赤道上では，
〔　　　〕気流が
発生する。

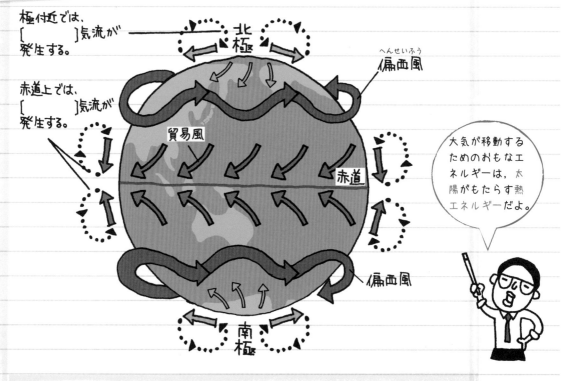

偏西風

貿易風

赤道

北極

南極

偏西風

大気が移動する
ためのおもなエ
ネルギーは，太
陽がもたらす熱
エネルギーだよ。

日本付近の雲の動き
偏西風の影響で，西から東のほうへ，雲が移動している。

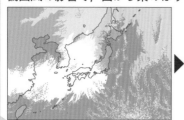 ▶ 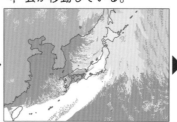 ▶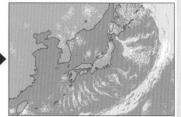

(2) 季節風

◆大陸と海の間に温度差が生じると，あたたかいほうに
　気流が生じて<u>低気圧</u>が発生し，冷たいほうに
　気流が生じて<u>高気圧</u>が発生する。高気圧と低気圧
　の間には<u>風</u>が生じる。

◆大陸と海の温度差によって生じる，季節に特徴的な風を
　_____といい，日本列島の気候に大きな影響を与えて
　いる。

なぜ？ 水はあたたまりにくく冷えにくい。陸をつくる岩石などはあたたまりやすく冷えやすい。そのため，大陸と海に温度差が生じる。

気圧配置と季節風

✐下の〔　〕の中を入れて，図を完成させましょう。

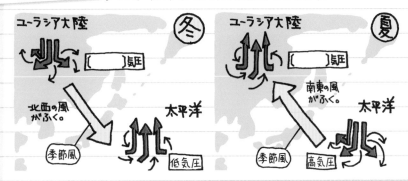

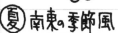

(3) 海陸風

◆昼の間，陸があたためられると，陸上に上昇気流が生じ，海
　から陸へ向かって風がふく。この風を　　　　　　という。

◆夜になって，陸が冷えると，陸上に下降気流が生じ，陸から
　海へ向かって風がふく。この風を　　　　　　という。

海風と陸風

✐下の〔　〕の中を入れて，図を完成させましょう。

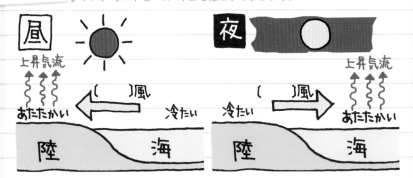

海風と陸風が入れかわる朝夕には風が止まり，この時間帯のことを「なぎ」というよ。

6 日本の天気

(1) 冬の天気

◆ 冬には, ユーラシア大陸上でシベリア高気圧が発達し, 付近には冷たく乾燥した ＿＿＿＿ 気団ができる。太平洋上には低気圧ができることが多く, このような気圧配置を ＿＿＿＿ の気圧配置とよぶ。

◆ この時期には北西の季節風がふき, 日本海側では大雪となり, 太平洋側では乾燥した晴れの日が続くことが多い。

冬の日本付近の天気図

冬の日本海側と太平洋側の天気

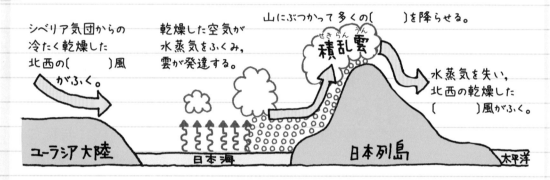

✏下の〔 〕の中を入れて, 図を完成させましょう。

シベリア気団からの冷たく乾燥した北西の〔 〕風がふく。

乾燥した空気が水蒸気をふくみ, 雲が発達する。

山にぶつかって多くの〔 〕を降らせる。

積乱雲

水蒸気を失い, 北西の乾燥した〔 〕風がふく。

ユーラシア大陸　日本海　日本列島　太平洋

(2) 春と秋の天気

◆ 春と秋には, 低気圧と高気圧が次々に日本列島付近を通過するので, 晴れの日とくもりの日が短期間ずつ交互に訪れる。

◆ この低気圧と高気圧は西から東へ移動するので, 天気は ＿＿＿ から ＿＿＿ へ変わることが多い。

> このような高気圧を, 移動性高気圧という。

秋の低気圧と高気圧の動き

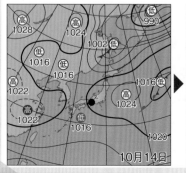
10月14日

▶

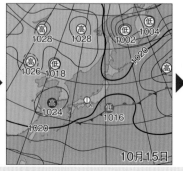
10月15日

▶

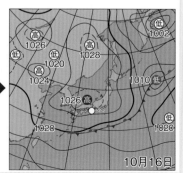
10月16日

(3)つゆ(梅雨)

　初夏のころ, 日本列島付近には, 南のあたたかくしめった小笠原気団と, 北の冷たくしめったオホーツク海気団の間に停滞前線ができて, 雨やくもりの日が長く続く。この時期を　　　　　といい, できた停滞前線を　　　　前線という。

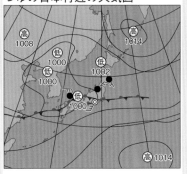
つゆの日本付近の天気図

(4)夏の天気

　夏には, 日本列島の南にある太平洋高気圧が成長し, 日本列島はあたたかくしめった　　　　気団におおわれる。そのため, 日本列島では, 高温で湿度の高い　　　　の日が続くことが多い。

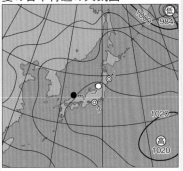
夏の日本付近の天気図

(5)台風

　低緯度の熱帯地方で発生する熱帯低気圧が発達したものを　　　　という。日本には, 夏から秋にかけてやってくることが多く, 大量の雨と強い風をともなうため, 被害が生じることがある。

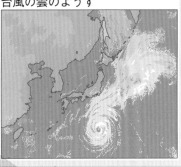
台風の雲のようす

台風の進路

✎下の〔　〕の中を入れて, 図を完成させましょう。

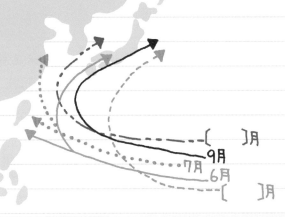

〔　　〕月
9月
7月
6月
〔　　〕月

フィリピン沖などで発生する熱帯低気圧のうち, 最大風速が秒速17.2m以上のものを台風という。

◆気象は, 豊富な水資源などの恵みをもたらすが, 大雨による洪水やがけ崩れなど, 災害を発生させることもある。

7 空気中の水蒸気

(1)飽和水蒸気量

◆空気がふくむことのできる水蒸気の量には限度がある。
1m³の空気がふくむことのできる限度の水蒸気量を
水蒸気量という。

> 空気の温度が上がる
> と，飽和水蒸気量は
> 大きくなる。

◆空気中の水蒸気量が飽和水蒸気量をこえると，液体の
　　　　　となって，空気中から出ていく。

空気中の水蒸気 　✏下の〔 〕の中を入れて，図を完成させましょう。

氷・水・食塩
を混ぜた
もの

冷える

ぬるま湯

〔　　　　〕が変化
した水滴がつく。

> **なぜ？**
>
> 空気の温度が下がる
> と，飽和水蒸気量は
> 小さくなるため，空
> 気がふくむことので
> きなくなった水蒸気
> が，液体の水となっ
> て現れる。

(2)飽和水蒸気量と湿度

空気のしめりぐあいを表す度合いで，1m³の空気にふくまれ
る水蒸気の質量が，飽和水蒸気量に対してどれくらいの割合
であるかを百分率で示したものを　　　　　という。

$$湿度〔\%〕＝\frac{1m^3の空気にふくまれる水蒸気の質量〔g/m^3〕}{その空気と同じ気温での飽和水蒸気量〔g/m^3〕}×100$$

例題 　気温20℃の空気1m³中の水蒸気の質量が
10.8g/m³のときの湿度を求めなさい。

・水蒸気の質量…10.8 g/m³

・20℃の飽和水蒸気量…　　　　　　g/m³

$$湿度〔\%〕＝\frac{〔g/m^3〕}{〔g/m^3〕}×100$$

＝　　　　〔%〕←小数第1位を四捨五入

気温と飽和水蒸気量

気温〔℃〕	飽和水蒸気量〔g/m³〕
-5	3.4
0	4.8
5	6.8
10	9.4
15	12.8
20	17.3
25	23.1
30	30.4
35	39.6

実験

目的

温度が100%になるとどうなるかを調べる。

① 室温の水を金属製のコップに入れ、温度をはかる。

② 少しずつ氷水を入れて、かき混ぜる。

③ 水滴がつき始める温度をはかる。

冬に窓ガラスの内側にできる結露もこれと同じはたらきでできる。

結果　ある程度温度が下がったところで、コップの表面に水滴がつき始めた。

→ コップの周囲の空気の温度が下がり、湿度が100%に達したときに、水滴がつき始める。

○ 露点

・空気にふくまれる水蒸気が凝結して水滴に変わり始める温度を　　　　という。- - - - - - -

水蒸気が水滴に変わる現象を凝結という。

・露点は、そのとき空気にふくまれている　　　　　　の質量によって変化する。

気温と飽和水蒸気量との関係

下の〔　〕の中を入れて、図を完成させましょう。

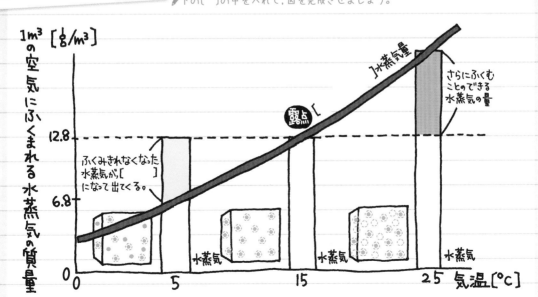

8 雲のでき方

(1)雲のでき方

空気がさまざまな理由で上昇すると，次のようなはたらきで
雲ができる。

　①上空は　　　　　が低いために空気が膨張する。

　②空気が膨張すると，温度が下がる。

　③温度が下がると，飽和水蒸気量が下がり，湿度が高くなる。

　④空気のかたまりが上昇し続けると，やがて露点に達する。

　⑤空気にふくまれていた水蒸気のうち，飽和水蒸気量をこ
　　えた分が，凝結して水滴になる。

このようにしてできた水滴や，さらに温度が低いところで
できた　　　の粒が集まって雲をつくる。

> **なぜ？**
> 空気が上昇する理由
> ・空気が山の斜面などにぶつかって上昇する。
> ・太陽の光であたためられた地面にあたためられて，空気が上昇する。
> ・前線面で，あたたかい空気の上昇気流が発生する。
> など。

雲のでき方　　✐下の〔　〕の中を入れて，図を完成させましょう。

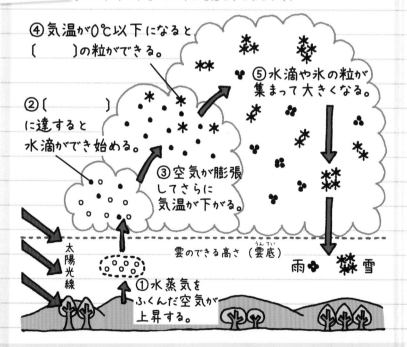

④気温が0℃以下になると〔　　　〕の粒ができる。

②〔　　　　〕に達すると水滴ができ始める。

③空気が膨張してさらに気温が下がる。

⑤水滴や氷の粒が集まって大きくなる。

太陽光線

雲のできる高さ（雲底）

①水蒸気をふくんだ空気が上昇する。

雨　　雪

> 空高くでできた氷の結晶が落ちてきたものが雪だよ。

うつくしいって罪ね…

> 霧は，太陽がのぼって気温が上がると消えてしまうよ。

◎雨…雲の中で集まった水滴が，そのまま落ちてきたもの。

◎雪…雲の中で集まった水滴が，冷やされて氷の結晶となっ
　　　てとけずに落ちてきたもの。

◎霧…夜や明け方に気温が下がり，地表付近の空気が冷やさ
　　　れて，空気中の水蒸気が水滴に変わったもの。

実験

日的 雲のでき方を調べる。

①簡易真空容器の中を少量
の水でしめらせて，線香
のけむりを入れる。

②ピストンを上下さ
せて，中の気圧を
変化させる。

なぜ？
線香のけむりを
入れると，水蒸気
がけむりを核にし
て凝結しやすくな
る。

結果 中の気圧が下がると，容器内が白くくもった。

→ 容器内の気圧が下がり，空気が膨張して気温が下
がったため，空気中の水蒸気が凝結した。

(2)水の循環

◆地球上の表面の約70%は　　　　であり，陸地にも湖や河川
などに液体の水が存在している。

◆これらの液体の水は，　　　　のエネルギーを受けて，海
水面や地表面から蒸発し，気体の　　　　となって上空
へ移動する。

◆上空へ移動した水蒸気は，雲をつくり，雨や雪となって降
り，地表へ移動する。

◆このように，地球上の水は状態を変えながら循環している。

雨や雪となって降っ
た水は，川などの流
水となって海へ移動
する。

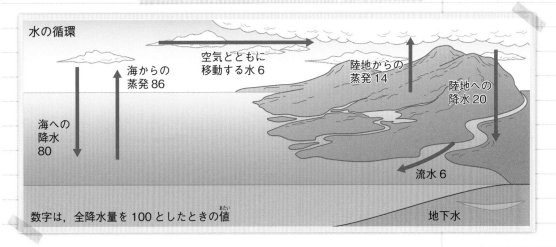

水の循環

空気とともに
移動する水6

海からの
蒸発86

陸地からの
蒸発14

陸地への
降水20

海への
降水
80

流水6

数字は，全降水量を100としたときの値

地下水

93

確認テスト⑥

 /100

●目標時間：３０分　●１００点満点　●答えは別冊 23 ページ

1 右の図は，日本付近での天気図の一部を示しています。次の各問いに答えなさい。　<5点×5>

(1) **A** 地点の気圧は，何 hPa ですか。　〔　　hPa　〕

(2) 図の **P** の等圧線で囲まれた部分を何といいますか。　〔　　　　〕

(3) **P** の付近での空気の流れを正しく表しているものを，右の**ア～エ**から選びなさい。　〔　　〕

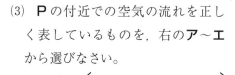

(4) **A ～ D** 地点で，風が最も強くふいていると考えられる地点を１つ選び，記号で答えなさい。　〔　　〕

(5) (4)で選んだ地点で，風が最も強いと考えられるのはどうしてですか。「等圧線」という言葉を使って，簡単に書きなさい。　〔　　　　〕

2 右の図は，日本付近での前線のようすを示したものです。次の各問いに答えなさい。　<5点×5>

(1) 図の **O** の部分は，低気圧と高気圧のどちらですか。　〔　　　　〕

(2) **OP** は，何前線ですか。　〔　　　　〕

(3) このあと，激しい雨が降り，気温が下がると考えられる地点を，図の **A ～ D** 地点から１つ選び，記号で答えなさい。　〔　　〕

(4) 前線 **OP**，**OQ** を **X － Y** で切ったときの断面のようすで，最も適当なものを，次の**ア～エ**からそれぞれ選びなさい。　**OP**〔　　〕　**OQ**〔　　〕

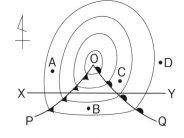

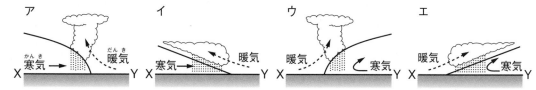

3 右の日本付近の天気図は，ある季節の代表的な気圧配置(きあつはいち)を示したものです。次の各問いに答えなさい。　　　　＜5点×5＞

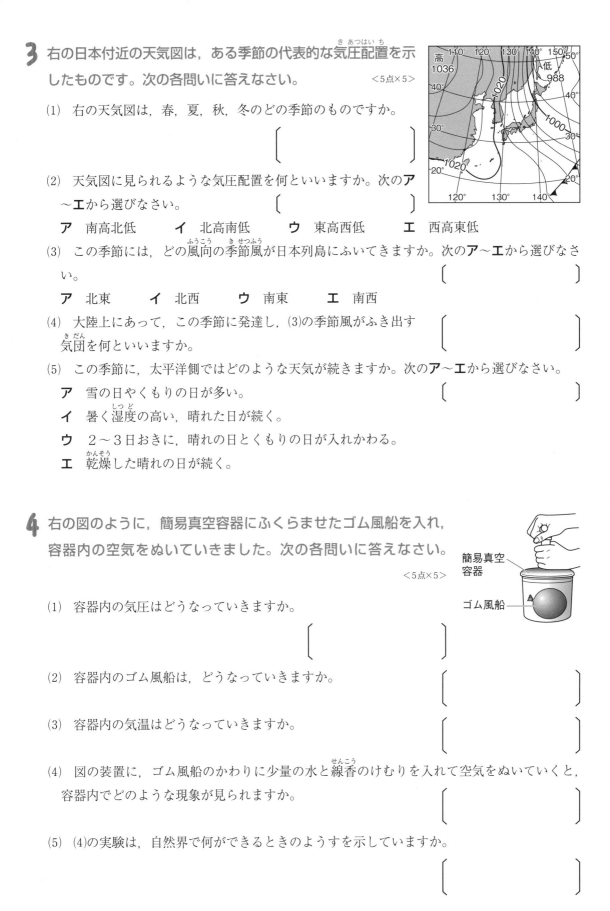

(1) 右の天気図は，春，夏，秋，冬のどの季節のものですか。

〔　　　　　　　　　〕

(2) 天気図に見られるような気圧配置を何といいますか。次の**ア**〜**エ**から選びなさい。

〔　　　　　　　　　〕

　ア 南高北低　　　**イ** 北高南低　　　**ウ** 東高西低　　　**エ** 西高東低

(3) この季節には，どの風向の季節風が日本列島にふいてきますか。次の**ア**〜**エ**から選びなさい。

〔　　　　　　　　　　　　　　　　〕

　ア 北東　　　**イ** 北西　　　**ウ** 南東　　　**エ** 南西

(4) 大陸上にあって，この季節に発達し，(3)の季節風がふき出す気団(きだん)を何といいますか。

〔　　　　　　　　　　　　　　　　〕

(5) この季節に，太平洋側ではどのような天気が続きますか。次の**ア**〜**エ**から選びなさい。

〔　　　　　　　　　　　　　　　　〕

　ア 雪の日やくもりの日が多い。
　イ 暑く湿度(しつど)の高い，晴れた日が続く。
　ウ 2〜3日おきに，晴れの日とくもりの日が入れかわる。
　エ 乾燥(かんそう)した晴れの日が続く。

4 右の図のように，簡易真空容器にふくらませたゴム風船を入れ，容器内の空気をぬいていきました。次の各問いに答えなさい。

＜5点×5＞

簡易真空容器
ゴム風船

(1) 容器内の気圧はどうなっていきますか。

〔　　　　　　　　　　　　　　　　〕

(2) 容器内のゴム風船は，どうなっていきますか。

〔　　　　　　　　　　　　　　　　〕

(3) 容器内の気温はどうなっていきますか。

〔　　　　　　　　　　　　　　　　〕

(4) 図の装置に，ゴム風船のかわりに少量の水と線香(せんこう)のけむりを入れて空気をぬいていくと，容器内でどのような現象が見られますか。

〔　　　　　　　　　　　　　　　　〕

(5) (4)の実験は，自然界で何ができるときのようすを示していますか。

〔　　　　　　　　　　　　　　　　〕

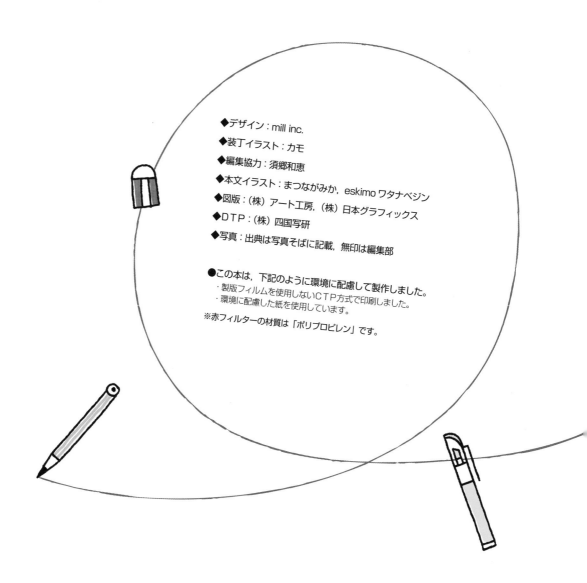

◆デザイン：mill inc.

◆装丁イラスト：カモ

◆編集協力：須郷和恵

◆本文イラスト：まつながみか，eskimo ワタナベジン

◆図版：(株)アート工房，(株)日本グラフィックス

◆DTP：(株)四国写研

◆写真：出典は写真そばに記載，無印は編集部

●この本は，下記のように環境に配慮して製作しました。
　・製版フィルムを使用しないCTP方式で印刷しました。
　・環境に配慮した紙を使用しています。

※赤フィルターの材質は「ポリプロピレン」です。

テスト前に
まとめるノート 改訂版
中2理科

別冊解答

テスト前に
まとめるノート
中2理科

本冊のノートの
答え合わせに

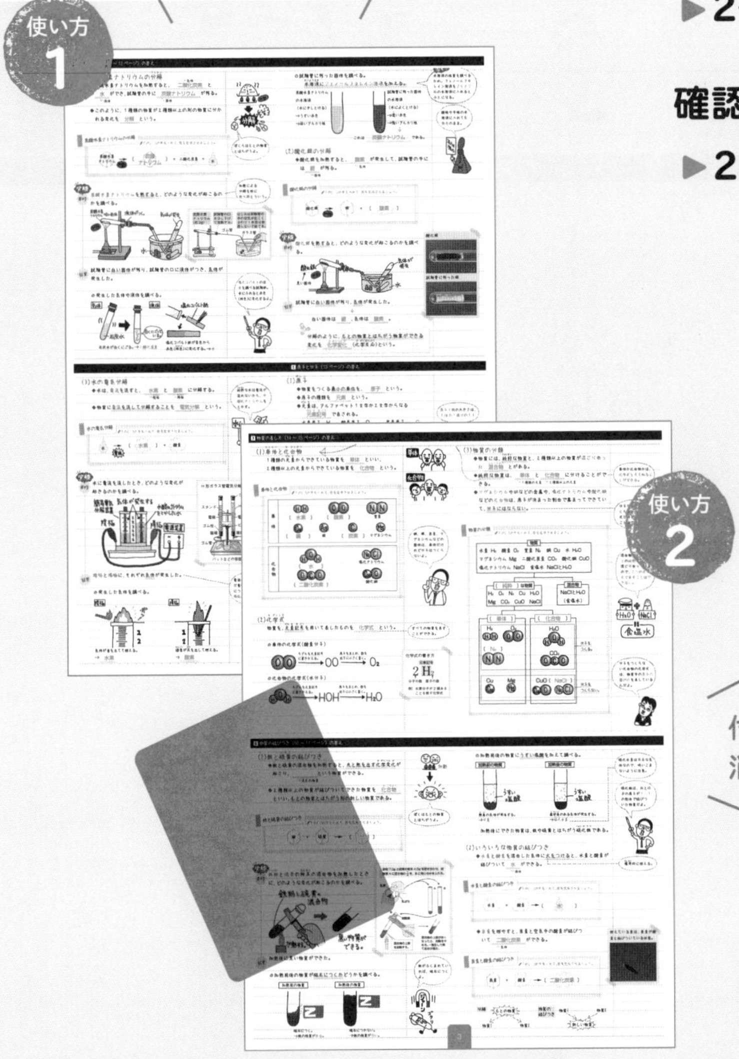

使い方
1

ノートページの答え
▶2〜20ページ

確認テスト❶〜❻の答え
▶21〜22ページ

使い方
2

付属の赤フィルターで
消して,暗記もできる!

Gakken

(1) 炭酸水素ナトリウムの分解

◆ 炭酸水素ナトリウムを加熱すると，__二酸化炭素__ と __水__ ができ，試験管の中に __炭酸ナトリウム__ が残る。

◆ このように，1種類の物質が2種類以上の別の物質に分かれる変化を __分解__ という。

炭酸水素ナトリウムの分解

🖊下の〔 〕の中を入れて，図を完成させましょう。

炭酸水素ナトリウム　→〔 __炭酸ナトリウム__ 〕＋ 二酸化炭素 ＋ 水

> ぼくらはもとの物質とはちがうよ。

実験

目的　炭酸水素ナトリウムを熱すると，どのような変化が起こるのかを調べる。

> 加熱による分解を特に熱分解という。

炭酸水素ナトリウム→白い固体　液体がつく。　気体が発生

水

炭酸水素ナトリウム（約2g）

試験管の口を少し下げて加熱する。

はじめは試験管の中の空気が出てくるので1本目は使用しないでできてる。

ゴム管
ガラス管

結果　試験管に白い固体が残り，試験管の口に液体がつき，気体が発生した。

◎発生した気体や液体を調べる。

| 気体 | 液体 | 塩化コバルト紙 |

石灰水　→白くにごっている

石灰水が白くにごる→二酸化炭素

塩化コバルト紙が青色から赤色（桃色）に変化する。→水

> 塩化コバルト紙は水を調べる試験紙。水にふれると赤色（桃色）に変化するよ。

◎試験管に残った固体を調べる。
水溶液にフェノールフタレイン溶液を加える。

炭酸水素ナトリウムの水溶液
（水に少しとける）
→うすい赤色
→弱いアルカリ性

試験管に残った固体の水溶液
（水によくとける）
→濃い赤色
→強いアルカリ性

これは __炭酸ナトリウム__ である。

> 水溶液の性質を調べるため。フェノールフタレイン溶液をアルカリ性の水溶液に入れると赤色になる。

> 酸性や中性の水溶液に入れても無色のまま。

(2) 酸化銀の分解

◆ 酸化銀を加熱すると，__酸素__ が発生して，試験管の中には __銀__ が残る。

酸化銀の分解

🖊下の〔 〕の中を入れて，図を完成させましょう。

酸化銀　→　銀　＋〔 __酸素__ 〕

実験

目的　酸化銀を熱すると，どのような変化が起こるのかを調べる。

酸化銀　気体が発生

黒い固体　水

結果　試験管に白い固体が残り，気体が発生した。

白い固体は __銀__ ，気体は __酸素__ 。

酸化銀

試験管に残った銀

©コーベット
©コーベット

> 分解のように，もとの物質とはちがう物質ができる変化を __化学変化__ （化学反応）という。

---

(3) 水の電気分解

◆ 水は，電流を流すと，__水素__ と __酸素__ に分解する。

◆ 物質に電流を流して分解することを __電気分解__ という。

> 純粋な水は電流が流れないので，水酸化ナトリウムをとかす。

水の電気分解

🖊下の〔 〕の中を入れて，図を完成させましょう。

水　→〔 __水素__ 〕＋ 酸素

実験

目的　水に電流を流したとき，どのような変化が起きるのかを調べる。

簡易電気分解装置　気体が発生する

陰極　陽極　電源装置

水酸化ナトリウムをとかした水

H形ガラス管電気分解装置

ゴム栓
スタンド
H形ガラス管
電極
電極
ゴム栓
ピンチコック
陰極　陽極
電源装置
ゴム管
バットなどの容器

結果　陰極と陽極に，それぞれ気体が発生した。

> 電源の−極につないだ電極が陰極，＋極につないだ電極が陽極。

◎発生した気体を調べる。

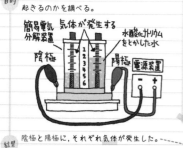 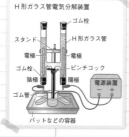

| 陰極 | 陽極 |

気体が音を立てて燃える。　線香が気を出して燃える。
→ __水素__ 　　　　　　　→ __酸素__

(1) 原子

◆ 物質をつくる最小の単位を，__原子__ という。

◆ 原子の種類を __元素__ という。

◆ 元素は，アルファベット1文字か2文字からなる __元素記号__ で表される。

水素……H　　酸素……O　　炭素……C
鉄……Fe　　銅……Cu　　銀……Ag

> 原子1個の大きさは，1cmの1億分の1！

原子の性質

🖊下の〔 〕の中を入れて，図を完成させましょう。

①化学変化によって，原子はそれ以上に分割できない。

②種類によって，〔 __質量__ 〕や大きさが決まっている。

Ag　Cu

③化学変化によって，ほかの種類に変わったり，なくなったり，新しくできたり〔 __しない__ 〕。

> 元素を原子番号順に並べて，元素の性質を整理した表を周期表という。

I	H	2											13	14	15	16	17	18
																		He
II	Li	Be											B	C	N	O	F	Ne
III	Na	Mg	3	4	5	6	7	8	9	10	11	12	Al	Si	P	S	Cl	Ar
IV	K	Ca	Sc	Ti	V	Cr	Mn	Fe	Co	Ni	Cu	Zn	Ga	Ge	As	Se	Br	Kr
V	Rb	Sr	Y	Zr	Nb	Mo	Tc	Ru	Rh	Pd	Ag	Cd	In	Sn	Sb	Te	I	Xe
VI	Cs	Ba	*	Hf	Ta	W	Re	Os	Ir	Pt	Au	Hg	Tl	Pb	Bi	Po	At	Rn
VII	Fr	Ra	*	Rf	Db	Sg	Bh	Hs	Mt	Ds	Rg	Cn	Nh	Fl	Mc	Lv	Ts	Og

*ランタノイド La Ce Pr Nd Pm Sm Eu Gd Tb Dy Ho Er Tm Yb Lu
*アクチノイド Ac Th Pa U Np Pu Am Cm Bk Cf Es Fm Md No Lr

(2) 分子

いくつかの原子が結びついた，物質の性質をもつ最小の単位を，__分子__ という。

分子のモデル

🖊下の〔 〕の中を入れて，図を完成させましょう。

酸素分子　水素分子　〔 __窒素__ 〕分子

〔 __水__ 〕分子　　二酸化炭素分子

> 2種類以上の原子が結びついた分子もあるよ。

(1)単体と化合物
1種類の元素からできている物質を　単体　といい，
2種類以上の元素からできている物質を　化合物　という。

単体と化合物　✏下の[ ]の中を入れて，図を完成させましょう。

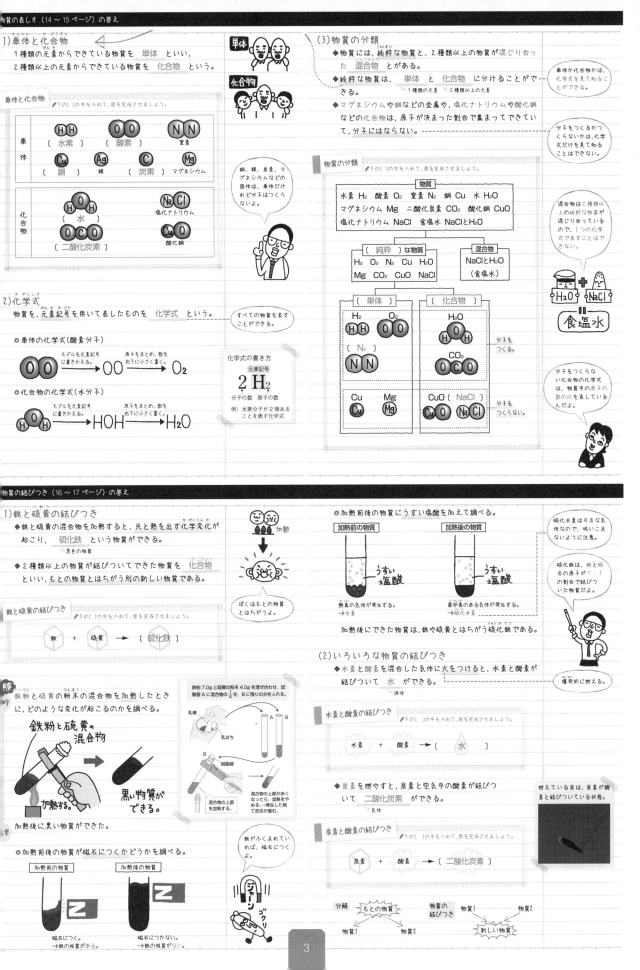

単体	[水素]	[酸素]	窒素
	[銅]	銀	[炭素] マグネシウム
化合物	[水]	塩化ナトリウム	
	[二酸化炭素]	酸化銅	

銅，銀，炭素，マグネシウムなどの固体は，単体だけれど分子はつくらないよ。

(2)化学式
物質を，元素記号を用いて表したものを　化学式　という。

すべての物質をあらわすことができる。

◆単体の化学式（酸素分子）
モデルを元素記号に置きかえる。→原子をまとめ，数を右下に小さく書く。
OO → OO → O₂

◆化合物の化学式（水分子）
モデルを元素記号に置きかえる。→原子をまとめ，数を右下に小さく書く。
HOH → HOH → H₂O

化学式の書き方
元素記号
2 H₂
分子の数　原子の数
例）水素分子が2個あることを表す化学式

(3)物質の分類
◆物質には，純粋な物質と，2種類以上の物質が混じり合った　混合物　とがある。
◆純粋な物質は，　単体　と　化合物　に分けることができる。
　　　　　1種類の元素　　2種類以上の元素
◆マグネシウムや銅などの金属や，塩化ナトリウムや酸化銅などの化合物は，原子が決まった割合で集まってできていて，分子にはならない。

単体か化合物かは，化学式を見て知ることができる。

分子をつくるかつくらないかは，化学式だけを見て知ることはできない。

物質の分類　✏下の[ ]の中を入れて，図を完成させましょう。

物質
水素 H₂ 酸素 O₂ 窒素 N₂ 銅 Cu 水 H₂O
マグネシウム Mg 二酸化炭素 CO₂ 酸化銅 CuO
塩化ナトリウム NaCl 食塩水 NaClとH₂O

[純粋]な物質
H₂ O₂ N₂ Cu H₂O
Mg CO₂ CuO NaCl

混合物
NaClとH₂O
（食塩水）

混合物は2種類以上の純粋な物質が混じり合っているので，1つの化学式で表すことはできない。

[単体]
H₂　O₂
[N₂]
N N
Cu　Mg

[化合物]
H₂O
CO₂
CuO [NaCl]

分子をつくる。

分子をつくらない。

分子をつくらない化合物は，物質中の原子の数の比を表しているんだよ。

---

(1)鉄と硫黄の結びつき
◆鉄と硫黄の混合物を加熱すると，光と熱を出す化学変化が起こり，　硫化鉄　という物質ができる。
　　　　　黒色の物質
◆2種類以上の物質が結びついてできた物質を　化合物　といい，もとの物質とはちがう別の新しい物質である。

ぼくはもとの物質とはちがうよ。

鉄と硫黄の結びつき　✏下の[ ]の中を入れて，図を完成させましょう。

鉄 ＋ 硫黄 → [硫化鉄]

験
鉄と硫黄の粉末の混合物を加熱したときに，どのような変化が起こるのかを調べる。

鉄粉7.0gと硫黄の粉末4.0gを混ぜ合わせ，試験管Aに混合物の⅘を，Bに残りの分を入れる。

鉄粉と硫黄の混合物
→
黒い物質ができる。

加熱する。

加熱後に黒い物質ができた。

混合物の上部が赤くなったら，加熱をやめる。→発生した熱で反応が進む。

◆加熱前後の物質が磁石につくかどうかを調べる。

加熱前の物質
磁石につく。
→鉄の性質がある。

加熱後の物質
磁石につかない。
→鉄の性質がない。

鉄がふくまれていれば，磁石につくよ。

◆加熱前後の物質にうすい塩酸を加えて調べる。

加熱前の物質
うすい塩酸
無臭の気体が発生する。
→水素

加熱後の物質
うすい塩酸
腐卵臭のある気体が発生する。
→硫化水素

硫化水素は有毒な気体なので，吸いこまないように注意。

加熱後にできた物質は，鉄や硫黄とはちがう硫化鉄である。

硫化鉄は，鉄と硫黄の原子が1：1の割合で結びついた物質だよ。

(2)いろいろな物質の結びつき
◆水素と酸素を混合した気体に火をつけると，水素と酸素が結びついて　水　ができる。
　　　　　　　　　　　液体

爆発的に燃える。

水素と酸素の結びつき　✏下の[ ]の中を入れて，図を完成させましょう。

水素 ＋ 酸素 → [水]

◆炭素を燃やすと，炭素と空気中の酸素が結びついて　二酸化炭素　ができる。
　　　　　　　　　　気体

燃えている炭は，炭素が酸素と結びついている状態。

炭素と酸素の結びつき　✏下の[ ]の中を入れて，図を完成させましょう。

炭素 ＋ 酸素 → [二酸化炭素]

分解
もとの物質
物質1　物質2

物質の結びつき
物質1　物質2
新しい物質

(1)化学反応式

化学式を組み合わせることで，化学変化を表すことができる。このような式を　化学反応式　という。

> 分解・物質の結びつきのどちらの化学変化も表すことができる。

化学反応式
📝下の[ ]の中を入れて，式を完成させましょう。

◎ 鉄と硫黄の結びつき

鉄 ＋ 硫黄 → 硫化鉄

Fe ＋ S → [FeS]

◎ 炭素と酸素の結びつき

炭素 ＋ 酸素 → 二酸化炭素

C ＋ O_2 → [CO_2]

> 分解の化学反応式では，もとの物質が矢印の左側に，分解後の物質が矢印の右側にくるよ。

> 酸化銀の分解
> $2Ag_2O → 4Ag + O_2$

(2)化学反応式のつくり方

◎ 水素と酸素の結びつきの化学反応式

①「反応前の物質→反応後の物質」のように物質名を書く。

水素 ＋ 酸素 → 水

モデルで考える

②物質名を化学式に置きかえる。

H_2 ＋ O_2 → H_2O

③反応の前後で酸素原子の数が等しくなるように，反応後のH_2Oを1個ふやす。 「Oが2個」

H_2 ＋ O_2 → H_2O H_2O

「Oが2個」

④反応の前後で水素原子の数が等しくなるように，反応前のH_2を1個ふやす。

H_2 H_2 ＋ O_2 → H_2O H_2O

⑤分子の数をまとめて，数字で表す。

$2H_2$ ＋ O_2 → $2H_2O$ 完成

> 反応の前後で，原子の種類と数は変化していない。

① 水素 ＋ 酸素 → 水
② HH ＋ OO → OHH
③ HH ＋ OO → OHH / OHH
④ HH ＋ OO → OHH / OHH
⑤ $2H_2$ ＋ O_2 → $2H_2O$

---

(1)酸化と燃焼

◆ 物質が酸素と結びつくことを　酸化　といい，できた物質を　酸化物　という。

◆ 物質が，熱や光を出しながら激しく酸化することを　燃焼　という。

燃焼＝激しい酸化

金属の酸化と燃焼
📝下の[ ]の中を入れて，式を完成させましょう。

◎ 銅の酸化

$2Cu$ ＋ O_2 → [$2CuO$]

> 熱した部分が黒くなる。
> 銅の酸化

◎ マグネシウムの燃焼

$2Mg$ ＋ [O_2] → $2MgO$

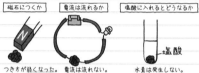
マグネシウムの燃焼

実験 目的

鉄（スチールウール）を酸素中で燃焼させたときに，どのような変化が起こるのかを調べる。

結果　燃焼後に黒い物質が残った。

> 熱や光を出している。

◎ 燃焼後の物質を調べる。

磁石につくか	電流は流れるか	塩酸に入れるとどうなるか
つき方が弱くなった。	電流は流れない。	水素は発生しない。

> ヒント
> 鉄は磁石によくつき，電流が流れ，塩酸に入れると水素が発生するはずだから。

燃焼によって，鉄が　酸化鉄　という物質に変化している。

---

(2)有機物の酸化

ロウやエタノールなどの有機物は，炭素や水素をふくむ化合物なので，燃焼すると炭素や水素が酸化されて，二酸化炭素　や　水　ができる。
（炭素の酸化物）（水素の酸化物）

有機物の酸化（燃焼）
📝下の[ ]の中を入れて，図を完成させましょう。

有機物 ＋ 酸素 →（燃焼）[二酸化炭素] ＋ [水] ＋ 熱・光

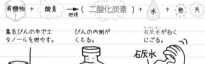
集気びんの中でエタノールを燃やす。

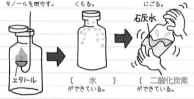
びんの内側がくもる。 石灰水が白くにごる。

> 二酸化炭素は石灰水を白くにごらせる。

[水]ができている。　[二酸化炭素]ができている。

(3)酸化と還元

物質が酸素と結びついて酸化物ができる化学変化を酸化というのに対して，酸化物が酸素をうばわれる化学変化を　還元　という。

酸化銅の還元
📝下の[ ]の中を入れて，式を完成させましょう。

酸化銅　　　炭素　　　銅　　二酸化炭素

$2CuO$ ＋ C → [$2Cu$] ＋ CO_2

> 還元が起きるときは，同時に酸化も起きているんだよ。

実験 目的

酸化銅と炭素の粉末の混合物を加熱したときに，どのような変化が起こるのかを調べる。

> 炭素による酸化銅の還元
> 炭素粉末 0.1g
> 酸化銅 1.3g
> 混合物　加熱する。
> ゴム管　ピンチコック　ガラス管　石灰水

酸化銅と炭素の混合物
気体が発生
石灰水

結果　加熱後に，　赤色　の物質が残った。

◎ 試験管の石灰水を調べる。

加熱前…透明　→　加熱後… 白くにごる

> 二酸化炭素が発生した。

◎ 試験管に残った物質を調べる。

薬品さじで強くこする。

金属光沢が現れる。

> 銅よりも炭素と結びつきやすい。

単体の　銅　が残った。

酸化銅の酸素が炭素と結びついて　二酸化炭素　が発生し，銅が残る。

酸化と還元

　　　　　　　　還元
$2CuO$ ＋ C → $2Cu$ ＋ CO_2
酸化銅　　炭素　　銅　二酸化炭素
　　　　　　　　酸化

> 水素による酸化銅の還元
> 銅線を熱する。
> 水素を入れた試験管に出し入れする。
> 水滴

酸化銅 ＋ 水素
→ 銅 ＋ 水

(1) 硫酸と塩化バリウム水溶液の反応

うすい硫酸とうすい塩化バリウム水溶液を混ぜ合わせると、
白い <u>沈殿</u> が生じるが、反応の前後で全体の質量は変化し
ない。
└硫酸バリウム

硫酸と塩化バリウム水溶液の反応

下の〔 〕の中を入れて、式を完成させましょう。

硫酸 ＋ 塩化バリウム → 塩酸 ＋ 硫酸バリウム
H_2SO_4 ＋ $BaCl_2$ → 〔 $2HCl$ 〕 ＋ $BaSO_4$

混ぜ合わせた液体の底に、硫酸バリウムという固体が沈んで積もるよ。

験

的

うすい硫酸とうすい塩化バリウム水溶液を混ぜ合わせたとき
に、質量がどのように変化するのかを調べる。

電子てんびん

硫酸バリウムの沈殿
©コーベット

反応の前後で、全体の質量は <u>変化しなかった</u> 。

(2) 炭酸水素ナトリウムと塩酸の反応

炭酸水素ナトリウムとうすい塩酸を混ぜ合わせると、
<u>二酸化炭素</u> が生じるが、密閉された容器で実験すると、
└気体
反応の前後で全体の質量は変化しない。

密閉されていない容器で実験すると、発生した二酸化炭素が空気中へ出ていく。

炭酸水素ナトリウムと塩酸の反応

下の〔 〕の中を入れて、式を完成させましょう。

炭酸水素 ＋ 塩酸 → 塩化ナトリウム ＋ 水 ＋ 二酸化炭素
ナトリウム
$NaHCO_3$ ＋ HCl → 〔 $NaCl$ 〕 ＋ H_2O ＋ CO_2

実験 **目的**

炭酸水素ナトリウムとうすい塩酸を混ぜ合わせたときに、質
量がどのように変化するのかを調べる。

○密閉されていない容器で調べる。

 混ぜ合わせる。

炭酸水素ナトリウム／うすい塩酸

50.00g → 44.30g

結果 反応後の全体の質量は <u>減少</u> する。

○密閉されている容器で調べる。

うすい塩酸／炭酸水素ナトリウム

70.00g → 70.00g

混ぜ合わせる。

結果 反応の前後で全体の質量は <u>変化しない</u> 。

二酸化炭素があったかも！／ね！

なぜ？ 二酸化炭素が空気中へ出ていき、その分の質量が減ったから。

容器のふたを開けると、二酸化炭素が出ていき、質量が減る。

(3) 質量保存の法則

化学変化の前後で、物質全体の質量は変化しない。これを
<u>質量保存</u> の法則という。

質量保存の法則

下の〔 〕の中を入れて、図を完成させましょう。

酸化銅 ＋ 炭素 → 銅 ＋ 二酸化炭素

左辺：酸素原子2個、銅原子2個、　　右辺：酸素原子2個、銅原子2個、
　　　炭素原子〔 1 〕個　　　　　　　炭素原子〔 1 〕個

化学変化では、物質をつくる原子の組み合わせは変化して
も、原子が新しくできたりなくなったりはしない。
→反応の前後で、全体の質量は変化しない。

なぜ？ 反応の前後で、化学変化にかかわる原子の種類と個数が変化しないため。

質量保存の法則は、化学変化だけではなく、状態変化など、すべての物質の変化で成り立つよ。

---

(1) 金属と結びつく酸素の質量

マグネシウムや銅の粉末を空気中で加熱すると、 <u>酸素</u> と
└空気中の気体
結びついて、質量がふえる。

酸化物ができる。

験

的

マグネシウムや銅の粉末を空気中で加熱したときに、
質量がどのように変化するのかを調べる。

金属の粉末

くり返す。

加熱後質量をはかる

① ステンレス皿の
　質量をはかる。
　ステンレス皿
　電子てんびん
② ステンレス皿と金属粉末
　全体の質量をはかる。
　金属の粉末
③ ガスバーナーで加熱する。
　金属粉末は
　うすく広げる。
④ 皿が冷えてから、再び
　全体の質量をはかる。

③～④をくり返す。

星

マグネシウムや銅などの金属を
空気中で加熱すると、質量がふえ
る。

ある程度加熱すると、酸化物の質量は変化しなくなるよ。

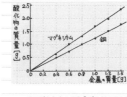

物質の質量〔g〕

マグネシウム → 酸化マグネシウム ができる。

銅 → 酸化銅 ができる。

加熱した回数〔回〕

金属の粉末を加熱すると、酸化物の質量はふえるが、
ある一定の値になるとそれ以上ふえなくなる。

→一定量の金属と結びつく酸素の質量は決まっている。

(2) 金属と結びつく酸素の割合

マグネシウムや銅などの金属と酸素が結びついて、
<u>酸化物</u> ができるとき、もとの金属の質量と、結びつく酸
└酸素の化合物
素の質量の割合は決まっている。

結びつく物質の質量の比が一定となる。

金属と結びつく酸素の質量

下の〔 〕の中を入れて、表を完成させましょう。

マグネシウムの質量〔g〕	0.40	0.60	0.80	1.00	1.20	1.40
酸化マグネシウムの質量〔g〕	0.66	1.00	1.33	1.66	1.99	2.32
結びついた酸素の質量〔g〕	0.26	0.40	〔0.53〕	0.66	0.79	〔0.92〕
銅の質量〔g〕	0.40	0.60	0.80	1.00	1.20	1.40
酸化銅の質量〔g〕	0.50	0.75	1.00	1.25	1.50	1.75
結びついた酸素の質量〔g〕	〔0.10〕	0.15	0.20	0.25	〔0.30〕	0.35

○上の表より、金属と酸化物の質量の変化、金属と結びつい
た酸素の質量の変化をグラフにする。

金属の質量と酸化物の質量

酸化物の質量〔g〕

マグネシウム／銅

金属の質量〔g〕

金属の質量と結びついた酸素の質量

結びついた酸素の質量〔g〕

マグネシウム／銅

金属の質量〔g〕

比例のグラフになることは、反応する物質の質量の割合が一定であることを示している。

○マグネシウムの質量が0.60gのとき、結びついた酸素の質量は0.40g
　→ 0.60：0.40 ＝ 3：2
○銅の質量が0.80gのとき、結びついた酸素の質量は0.20g
　→ 0.80：0.20 ＝ 4：1

マグネシウムの質量：結びついた酸素の質量＝3：2

銅の質量：結びついた酸素の質量＝4：1

マグネシウムの質量：酸化マグネシウムの質量＝3：5
銅の質量：酸化銅の質量＝4：5

(1)化学変化による温度変化

化学変化が起こるときには，熱の出入りがともなう。

温度が上がる反応を　発熱反応　，
　熱を周囲に出す。

温度が下がる反応を　吸熱反応　という。
　周囲から熱をうばう。

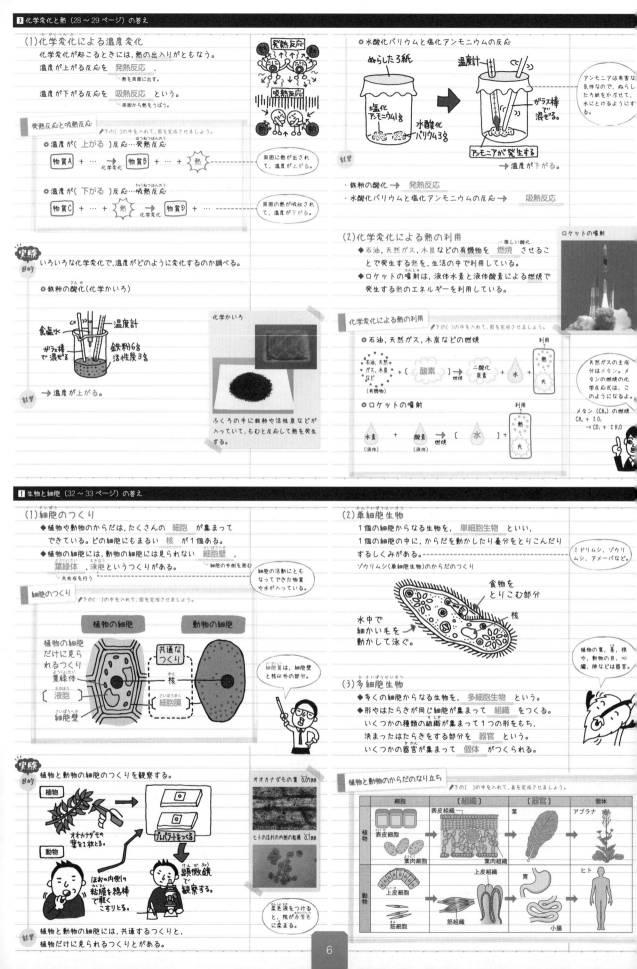

発熱反応と吸熱反応
▶下の[　]の中を入れて，図を完成させましょう。

◎温度が[上がる]反応…発熱反応

物質A	＋ …	→	物質B	＋ … ＋	熱
化学変化

→ 周囲に熱が出されて，温度が上がる。

◎温度が[下がる]反応…吸熱反応

| 物質C | ＋ … ＋ | 熱 | → | 物質D | ＋ … |
化学変化

→ 周囲の熱が吸収されて，温度が下がる。

実験
目的：いろいろな化学変化で，温度がどのように変化するのか調べる。

◎鉄粉の酸化（化学かいろ）

食塩水／温度計／ガラス棒で混ぜる／鉄粉6g／活性炭3g

化学かいろ

結果：→ 温度が上がる。

ふくろの中に鉄粉や活性炭などが入っていて，もうと反応して熱を発生する。

◎水酸化バリウムと塩化アンモニウムの反応

ぬらしたろ紙／温度計／塩化アンモニウム1g／ガラス棒で混ぜる／水酸化バリウム3g／アンモニアが発生する

アンモニアは有害な気体なので，ぬらしたろ紙をかぶせて，水にとけるようにする。

結果：→ 温度が下がる。

・鉄粉の酸化 → 発熱反応

・水酸化バリウムと塩化アンモニウムの反応 → 吸熱反応

(2)化学変化による熱の利用

◆石油，天然ガス，木炭などの有機物を　燃焼　させることで発生する熱を，生活の中で利用している。
　激しい酸化

◆ロケットの噴射は，液体水素と液体酸素による燃焼で発生する熱のエネルギーを利用している。

ロケットの噴射

化学変化による熱の利用
▶下の[　]の中を入れて，図を完成させましょう。

◎石油，天然ガス，木炭などの燃焼

| 石油，天然ガス，木炭など（有機物） | ＋ | [酸素] | → 燃焼 | 二酸化炭素 | ＋ | 水 | ＋ | 熱・光 → 利用 |

◎ロケットの噴射

| 水素（液体） | ＋ | 酸素（液体） | → 燃焼 | [水] | ＋ | 熱・光 → 利用 |

天然ガスの主成分はメタン。メタンの燃焼の化学反応式は，このようになるよ。

メタン（CH₄）の燃焼
$CH_4 + 2O_2 \rightarrow CO_2 + 2H_2O$

---

(1)細胞のつくり

◆植物や動物のからだは，たくさんの　細胞　が集まってできている。どの細胞にもまるい　核　が1個ある。

◆植物の細胞には，動物の細胞には見られない　細胞壁　，
　葉緑体　，液胞というつくりがある。
　細胞の外側を囲む／光合成を行う

細胞の活動にともなってできた物質や水が入っている。

細胞のつくり
▶下の[　]の中を入れて，図を完成させましょう。

植物の細胞　　　動物の細胞

植物の細胞だけに見られるつくり
葉緑体／[液胞]／細胞壁

共通なつくり
核／細胞膜

細胞は，細胞壁と核以外の部分。

(2)単細胞生物

1個の細胞からなる生物を，　単細胞生物　といい，
1個の細胞の中に，からだを動かしたり養分をとりこんだりするしくみがある。

ミドリムシ，ゾウリムシ，アメーバなど。

ゾウリムシ（単細胞生物）のからだのつくり

水中で細かい毛を動かして泳ぐ／食物をとりこむ部分／核

植物の葉，茎，根や，動物の目，心臓，胃などは器官。

(3)多細胞生物

◆多くの細胞からなる生物を，　多細胞生物　という。

◆形やはたらきが同じ細胞が集まって　組織　をつくる。
いくつかの種類の組織が集まって1つの形をもち，
決まったはたらきをする部分を　器官　という。
いくつかの器官が集まって　個体　がつくられる。

実験
目的：植物と動物の細胞のつくりを観察する。

植物／オオカナダモの葉を1枚とる。
動物／ほおの内側の粘膜を綿棒で軽くこすりとる。

プレパラートをつくる／顕微鏡で観察する。

オオカナダモの葉 0.01mm

ヒトのほおの内側の細胞 0.1mm

染色液をつけると，核が赤紫色に染まる。

結果：植物と動物の細胞には，共通するつくりと，植物だけに見られるつくりとがある。

植物と動物のからだのなり立ち
▶下の[　]の中を入れて，表を完成させましょう。

	細胞	[組織]	器官	個体
植物	表皮細胞／葉肉細胞	表皮組織／葉肉組織	葉	アブラナ
動物	上皮細胞／筋細胞	上皮組織／筋組織	胃／小腸	ヒト

(1)水や栄養分の通り道

植物には，水や栄養分を運ぶしくみがある。

- 道管 …根で吸収した水や養分が通る。
- 師管 …葉でつくられた栄養分が通る。
- 維管束 …道管と師管が集まっている束状の部分。

栄養分は水にとけやすい物質に変化する。

維管束は，根⇔茎⇔葉とつながっており，植物のからだ全体にいきわたっている。

(2)根のつくり

根の先端近くには 根毛 があり，根の表面積を大きくして水や水にとけた養分を効率よく吸収する。

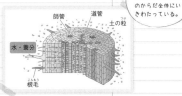

師管　道管　土の粒

水・養分

根毛

(3)茎のつくり

茎の維管束の並び方は，植物によって異なる。

単子葉類 では全体に散らばり，双子葉類 では輪のように並んでいる。

茎の維管束

✎下の（　）の中を入れて，図を完成させましょう。

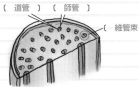

〔 道管 〕〔 師管 〕　維管束

単子葉類

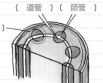

〔 道管 〕〔 師管 〕

双子葉類

うちの水道管。

(4)葉のつくり

◆ 葉の内部は細胞が集まってできている。葉の内部の細胞の中には 葉緑体 がある。（緑色の粒）

◆ 葉脈は，葉に通っている 維管束 の部分で，道管と師管が通っている。

葉の表側に近いほうに道管，葉の裏側に近いほうに師管がある。

葉のつくり

✎下の（　）の中を入れて，図を完成させましょう。

表皮　　　　表側

葉緑体

葉脈（維管束）〔 道管 〕　　〔 細胞 〕

〔 師管 〕

気孔　表皮　　裏側

- 気孔 …葉の表皮にある孔辺細胞に囲まれたすきま。酸素や二酸化炭素の出入り口（光合成や呼吸による），水蒸気の出口（蒸散による）になっている。

◆ 気孔は孔辺細胞のはたらきで開閉し，酸素や二酸化炭素の出入りや体外に出す水蒸気の量を調節している。

気孔

孔辺細胞（三日月形の細胞）

葉緑体

(1)蒸散

◆ 植物のからだから，水が 水蒸気 となって，植物の体外に出ていくことを 蒸散 という。おもに葉の 気孔 で起こる。

◆ 蒸散が行われることによって，根からの水の吸い上げ（吸水）がさかんになる。

ふつう気孔は昼に開いて夜に閉じる。

験的

葉の表側と裏側の蒸散量のちがいを調べる。

A　　B　　C

そのまま　葉の表側にワセリンをぬる。　葉の裏側にワセリンをぬる。

葉の大きさや枚数が同じ枝を用意する。

なぜ？水面に油を浮かべるのは，水面からの水の蒸発を防ぐため。

ワセリンをぬったところは気孔がふさがれ，水が出ていかない。

日光のよく当たる場所に数十分置いて，水の減少量を調べる。

結果

		A	B	C
ワセリンをぬった場所		なし	葉の表側	葉の裏側
蒸散が行われた場所	葉の表側	○	―	○
	葉の裏側	○	○	―
	茎	○	○	○
水の減少量〔cm³〕		7.6	6.3	1.7

葉の表側からの蒸散量＝Aの水の減少量－Bの水の減少量
　　　　　　　＝ 7.6 － 6.3 ＝ 1.3 〔cm³〕

葉の裏側からの蒸散量＝Aの水の減少量－Cの水の減少量
　　　　　　　＝ 7.6 － 1.7 ＝ 5.9 〔cm³〕

茎からの蒸散量＝7.6－（ 1.3 ＋ 5.9 ）
　　　　　　　＝ 0.4 〔cm³〕

茎でも蒸散が起こっている。

葉の 裏側 からの蒸散量が多い。
→ 気孔は葉の裏側に多くある。

◉顕微鏡の使い方

ステージ上下式顕微鏡

✎下の（　）の中に各部分の名称と言葉を入れて，図を完成させましょう。

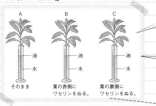

〔 接眼レンズ 〕

〔 鏡筒 〕

〔 レボルバー 〕

〔 対物レンズ 〕

〔 ステージ 〕

〔 しぼり 〕

〔 調節ねじ 〕

〔 クリップ 〕

〔 反射鏡 〕

＜プレパラートの動かし方＞

・見るものを右によせるには？

プレパラートを〔 左 〕に動かす。

像を移動させる向き

・見るものを上にあげるには？

像を移動させる向き

プレパラートを〔 下 〕に動かす。

※これは像の上下左右が実物と逆になっている場合。上下左右が逆にならない顕微鏡もあるので，使っている顕微鏡を確認！

① 顕微鏡を直射日光の当たらないところに置く。

② 接眼レンズ→対物レンズの順につける。

③ 反射鏡 を動かして，視野を明るくする。

④ プレパラートをステージにのせる。

⑤ 横から見ながら，対物レンズとプレパラートをできるだけ 近づける 。

⑥ 接眼レンズをのぞき，対物レンズとプレパラートを遠ざけながらピントを合わせる。

なぜ？対物レンズとプレパラートがぶつからないようにするため。

顕微鏡の倍率＝ 接眼レンズ の倍率× 対物レンズ の倍率

(1)光合成

植物が光を受けて　デンプン　などの栄養分をつくる
はたらきを　光合成　といい，葉の　葉緑体　で行われる。
　　　　　　　　　　　　　　緑色をした小さな粒

光合成のしくみ
下の〔　〕の中に言葉を入れて，図を完成させましょう。

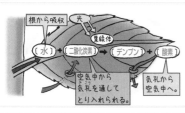

水と二酸化炭素から，光のエネルギーを利用してデンプン
などの栄養分と酸素ができる。

実験
目的　光合成が葉緑体で行われていることや，
　　光が必要であることを調べる。

日光に十分あてる。

ふの部分には
葉緑体がない。

デンプンがあると
ころは，ヨウ素液
で青紫色になる。

つみとった葉を
熱湯につける。

アルミニウム
はくでおおった部分も。

日光に十分当てる。

ヨウ素液で
反応を見る。

あたためた
エタノール
につける。

なぜ？
葉を脱色するため。

結果　葉の緑色の部分にデンプンができた。
ふの部分やアルミニウムはくでおおった部分には
デンプンができなかった。
　　　　　↓
葉緑体で光合成が行われている。
光合成には光が必要である。

(2)呼吸

光合成でつくった　デンプン　を，酸素　を使って分解
して，生命活動のためのエネルギーをとり出すはたらき。
1日中行っている。

呼吸では酸素を吸って
二酸化炭素を出す。

気体の出入りは
気孔で行われる。

呼吸と光合成は
逆のはたらき。

(3)光合成と呼吸の気体の出入り

◆昼の日光が強いときは，呼吸による気体の出入りより，
　光合成による気体の出入りのほうが多いため，
　植物全体として　二酸化炭素　を吸収し，
　酸素　を出す。

◆夜などの日光の当たらないときは，呼吸だけを
　行うため，酸素　を吸収し，二酸化炭素　を
　出す。

光合成と呼吸
下の〔　〕の中に矢印を入れて，図を完成させましょう。
出入りする気体の量を矢印の大きさで表すこと。

---

(1)消化のはたらき

食物は，歯でかみくだかれたり，消化液にふくまれている
消化酵素　のはたらきで分解されたりすることによって，
　　　　　有機物の消化を助ける
吸収されやすい物質になる。このはたらきを　消化　という。

消化管の運動などに
よっても，細かくく
だかれる。

ヒトの消化にかかわる部分
下の〔　〕の中を入れて，図を完成させましょう。

- だ液せん
- 食道
- 肝臓
- 胃
- 胆のう
- すい臓
- 小腸
- 大腸
- 肛門

口からはじまって，
食物が通って排出
されるまでに通る
管を，消化管とい
うよ。

◇消化にかかわる消化液と消化酵素

消化液	ふくまれる消化酵素	はたらき
だ液	アミラーゼ	炭水化物を分解
胃液	ペプシン	タンパク質を分解
胆汁	消化酵素はふくまない	脂肪の消化を助ける
すい液	トリプシン	タンパク質を分解
	リパーゼ	脂肪を分解
小腸のかべの消化酵素	多種	炭水化物やタンパク質を分解

デンプンなどを炭水
化物という。

すい液にはアミラー
ゼもふくまれる。

◇栄養分が消化されて最終的にできる物質

- 炭水化物　→　ブドウ糖
- タンパク質　→　アミノ酸
- 脂肪　→　脂肪酸　とモノグリセリド

(2)吸収のはたらき

消化によって，吸収されやすい物質に変化したものの多く
は，小腸のかべにあるひだの表面の　柔毛　から吸収される。
水分はおもに小腸で吸収されるが，一部は　大腸　から吸収
される。
吸収されなかった物質は，便として肛門から排出される。

ブドウ糖とアミノ酸
は柔毛の中を毛細血管
に入り，肝臓を通っ
て全身へ運ばれる。
ブドウ糖の一部は肝
臓でグリコーゲンに
変えられてたくわえ
られる。

実験
目的　だ液によって，デンプンが分解されるかどう
　　かを調べる。

A だ液＋
デンプン溶液
B 水＋
デンプン溶液
C だ液＋
デンプン溶液
D 水＋
デンプン溶液

AをA，Cに分ける。
BをB，Dに分ける。

デンプン溶液
うすめた
だ液
2cm³
水
2cm³
温度計
約40℃の湯

変化なし　青紫色に変色
赤褐色の沈殿　変化なし
加熱　沸とう石

ヨウ素液はデンプンに，
ベネジクト液は麦芽糖
やブドウ糖などに反応
する。

結果　だ液を加えたデンプン溶液は，デンプンが分解されて，
ブドウ糖分子がいくつか結びついたものができた。
　→だ液にはデンプンを消化するはたらきがある。

だ液にふくまれる消
化酵素アミラーゼの
はたらき。

柔毛のはたらき
下の〔　〕の中を入れて，図を完成させましょう。

小腸

リンパ管
脂肪酸と
モノグリセリド
が吸収される。

毛細血管
ブドウ糖と
アミノ酸
が吸収される。

脂肪酸とモノグリセリ
ドは，柔毛の表面から
吸収されたあと，再び
脂肪になって柔毛内の
リンパ管に入る。

なぜ？
柔毛がたくさんあ
ると，栄養分にふ
れる面積が大きく
なり，効率よく吸
収できるよ。

(1) 肺による呼吸

◆ヒトが、鼻や口から吸いこんだ空気は、気管を通って
　　肺　に入る。気管の先は枝分かれしていて、その先は
　　肺胞　につながっている。
　　└ たくさんの小さなふくろ

◆肺胞は毛細血管におおわれていて、肺胞内の空気から毛細
血管中の血液に　酸素　がとりこまれ、また、毛細血管中の
血液から肺胞内の空気へ　二酸化炭素　が受け渡される。

◆肺胞内の空気は、気管を通って鼻や口から体外に放出される。
　→このようなはたらきを肺による呼吸という。

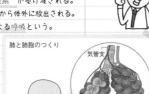

呼吸によってとり入れられた酸素は、養分からエネルギーをとり出すために必要だよ。

肺による呼吸
下の〔　〕の中を入れて、図を完成させましょう。

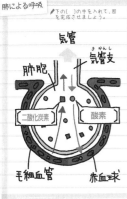

気管
気管支
肺胞
二酸化炭素　酸素
毛細血管　赤血球

肺と肺胞のつくり

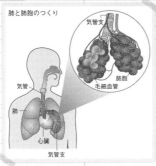

気管
肺胞
毛細血管
肺
心臓
気管支

吸気（吸う息）と呼気（はく息）の成分

その他 0.94%　二酸化炭素 0.03%
酸素 20.94%
吸気
窒素 78.09%

二酸化炭素 4.6%　その他 0.94%
酸素 16.2%
呼気
窒素 78.19%

肺胞がたくさんあると、表面積が大きくなり、効率よく気体の交換ができるよ。

(2) 肺への空気の出入り

◆肺は、ろっ骨　や　横隔膜　などによって囲まれた空間
　　　　　└ 胸部の骨格　　└ 肺の下部にある膜
の中にあり、ろっ骨や横隔膜の動きによって空間が広がる
と肺が広がり、空間がせまくなると肺が縮む。この動きに
よって肺に空気が出入りする。

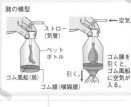

空気が吸いこまれる。
空気がはき出される。

肺への空気の出入り
下の〔　〕の中を入れて、図を完成させましょう。

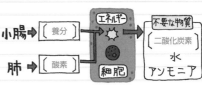

吸う　はく
気管
胸腔
肺
ろっ骨と筋肉
横隔膜

胸腔が〔　広く　〕なる。　胸腔が〔　せまく　〕なる。

肺の模型

空気
ストロー（気管）
ペットボトル
ゴム風船（肺）
ゴム膜（横隔膜）

引く。

ゴム膜を引くと、ゴム風船に空気が入る。

(3) 細胞による呼吸

◆肺からとり入れられた　酸素　と、小腸から吸収された
　　養分　は、血液によって全身の細胞に運ばれる。養分は
酸素によって分解され、エネルギーがとり出される。

◆このとき、二酸化炭素と　水　ができ、二酸化炭素は細胞
の外に出される。
　→このようなはたらきを、細胞による呼吸という。

エネルギーは、生きるためのさまざまな活動に使われる。

細胞による呼吸
下の〔　〕の中を入れて、図を完成させましょう。

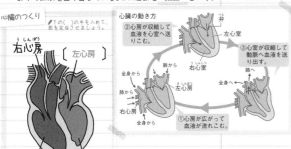

小腸 → 〔養分〕
肺 → 〔酸素〕
エネルギー
細胞
不要な物質
二酸化炭素
水
アンモニア

肺による呼吸を外呼吸、細胞による呼吸を内呼吸というよ。

---

(1) 心臓のつくりとはたらき

◆心臓は血液を全身に循環させるポンプのはたらきをしている。

◆心臓は　筋肉　でできており、規則正しく収縮する運動に
　　　　　└ 収縮する組織
よって血液を送り出している。この運動を　拍動　という。

動脈で感じられる拍動を脈拍という。

心臓のつくり
下の〔　〕の中を入れて、図を完成させましょう。

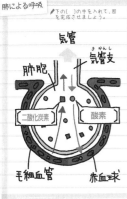

〔右心房〕　〔左心房〕
〔右心室〕　〔左心室〕

心臓の動き方

②心房が収縮して血液を心室へ送りこむ。
弁
左心室
右心室
③心室が収縮して動脈へ血液を送り出す。
肺から
肺へ
全身から
左心房
右心房
全身へ
①心房が広がって血液が流れこむ。

(2) 血液の循環

◆心臓から送り出される血液が流れる血管を
　　動脈　という。また、心臓へもどってくる血液
　　　　　└ かべが厚い血管
が流れる血管を　静脈　という。
　　　　　　　　　└ 弁がある血管

◆動脈と静脈の間は、全身の組織の毛細血管でつな
がっている。

◆心臓から送り出された血液が、毛細血管を通り、心臓にも
どる流れを、血液の　循環　という。

動脈と静脈のつくり

動脈　静脈
かべが厚い
血液の流れ
弁がある。

◆肺循環と体循環
　・肺循環…心臓から出た血液が、肺を通り心臓へもどる経路。
　・体循環…心臓から出た血液が、全身を通り心臓へもどる経路。

◎動脈血と静脈血

・動脈血…肺を通ったあとの、酸素を多くふくむ血液。
　　→肺静脈と動脈に流れる。

・静脈血…全身の器官や組織を通ったあとの、二酸化炭素
　を多くふくむ血液。→肺動脈と静脈に流れる。

肺循環では、動脈血が静脈を流れ、静脈血が動脈を流れることに注意。

脳
肺
肺動脈　肺静脈
心臓
静脈血　動脈血
肝臓
小腸
腎臓
全身の細胞

小腸と肝臓をつなぐ血管を門脈という。門脈には養分を多くふくむ血液が流れている。

肝臓
ヨロシクー
小腸

(3) 血液

◆血管を流れる血液のおもな成分は、赤血球や　白血球　、
血小板などの血球と、透明な液体の　血しょう　である。

◆毛細血管からしみ出た血しょうは、　組織液　となって細
胞のまわりを満たす。

血液の成分とはたらき
下の〔　〕の中を入れて、図を完成させましょう。

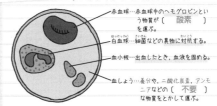

赤血球…赤血球中のヘモグロビンという物質が〔酸素〕を運ぶ。
白血球…細菌などの異物に対抗する。
血小板…出血したとき、血液を固める。
血しょう…養分や、二酸化炭素、アンモニアなどの〔不要〕な物質をとかして運ぶ。

ヘモグロビンには、酸素が多いところ（肺など）では酸素と結びつき、酸素が少ないところでは酸素をはなす性質があるよ。

◎血液と細胞の間の物質の交換

・血液から細胞…赤血球が運んできた　酸素　や，
血しょうが運んできた　養分　を渡す。

・細胞から血液…細胞の活動によって出された二酸化炭素
や　アンモニア　などの不要物を渡す。

細胞と血液の間で，組織液が，酸素や養分，不要物の受け渡しのなかだちをする。

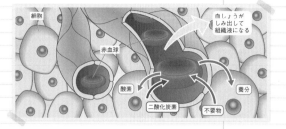

血しょうがしみ出して組織液になる

細胞
赤血球
酸素
二酸化炭素
不要物
養分

（4）血液の流れの観察

ヒメダカなどの尾びれの部分を顕微鏡で観察すると，
血液が血管を流れるようすを観察することができる。

観察 目的

ヒメダカの尾びれの部分で，
血液中の血球や血液の流れを観察する。

ヒメダカ

少量の水
を入れる。

チャックつき
ポリエチレンの
ふくろ

0.1mm　体表の色素　血管　血球と血しょう

結果

血液中の赤血球を観察できた。
血液が血管の中を決まった方向に流れているようすを観察できた。

心臓の拍動に合わせて流れる。

（1）腎臓のはたらき

◆細胞の生命活動によって生じた有害なアンモニアは，血液
によって肝臓に運ばれ，無害な　尿素　に変えられる。

◆尿素は腎臓に運ばれ，不要な物質としてとり除かれる。
とり除かれた物質は，　尿　として輸尿管を通って
ぼうこうにためられ，やがて体外に排出される。

なぜ？
アンモニアは，タンパク質が細胞で養分として分解されたときに発生する。

腎臓のつくり

▼下の〔　〕の中を入れて，図を完成させましょう。

〔動脈〕
〔静脈〕

この部分で液中の不要物をこしとる。

〔腎臓の断面〕

〔輸尿管〕

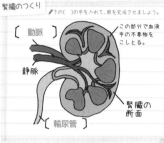

排出器官

静脈
腎臓
ぼうこう
動脈
輸尿管

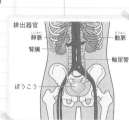

（2）体内の物質移動と生命の維持

動物は，体外からさまざまな物質をとり入れ，
その物質を使うことによって生命を維持している。

◎肺による呼吸…酸素がとり入れられ，
二酸化炭素が放出される。

◎消化と吸収…とり入れられた食物が消化され，おもに小腸
で吸収されて，血液で全身に運ばれる。

◎血液の循環…心臓のはたらきで，血液が全身を循環し，
さまざまな物質を運ぶ。

◎細胞による呼吸…血液から養分と酸素を受けとり，エネル
ギーをとり出す。できた二酸化炭素など
の不要物は血液中に出される。

◎排出…腎臓などのはたらきによって，不要物を体外に出す。

酸素　二酸化炭素
食物
血液の循環
呼吸
排出　消化

（1）刺激と感覚器官

◆動物は，外界から，光，音，においなどのさまざまな
刺激　を受けとり，反応をしている。

◆動物が刺激を受けとる，目，耳，鼻，舌，皮膚などの器官を
感覚　器官という。

熱　光　味　音
シゲキいろいろ

実験 目的

明るい場所と暗い場所で，ひとみの大きさの
ちがいを観察する。

鏡

明るい場所
ひとみ
ひとみは小さくなる。

暗い場所
ひとみは大きくなる。

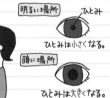

ネコのひとみ

明るい場所

暗い場所

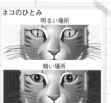

結果

ひとみの大きさは，明るい場所では小さく，
暗い場所では大きくなった。

なぜ？
ひとみが大きくなると，目に入る光の量が多くなるので，暗くても物が見えやすくなる。

実験 目的

ヒメダカが刺激に対して反応するようすを観察する。

手をかざす
刺激
反応
にげる。

一定方向の水流をつくる
刺激
反応
水流と逆方向に泳ぐ。

水槽の上に何度も手をかざすと，ヒメダカはあまり反応しなくなってくるよ。

結果

ヒメダカは刺激を受けると決まった行動をとった。

（2）いろいろな感覚器官

◆感覚器官には，刺激を受けとる細胞があり，そこに
神経　がつながっている。

◆神経は　脳　へと続いていて，感覚器官で受けとった刺激
は，信号となって神経を通って脳へ伝えられる。

感覚器官からの信号が脳に伝わったときに，刺激として感覚される。

いろいろな感覚器官

目（視覚）
虹彩（目に入ってくる光の量を調節する。）
脳へ
ひとみ　水晶体（レンズ）　網膜　神経
（入ってきた光が像を結ぶ。）

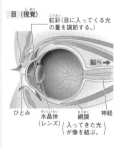

耳（聴覚）
鼓膜（音を受けとって振動する。）
脳へ
神経　うずまき管　耳小骨（振動を伝える。）

鼻（嗅覚）
（においの物質を受けとる。）
神経
脳へ

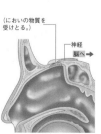

皮膚（触覚など）
（ものにふれた刺激を受けとる。）
汗せん　毛
神経
血管（温度の刺激を受けとる。）
（さわられた刺激を受けとる。）

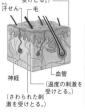

舌（味覚）
（味の物質を受けとる。）

(1)神経系

◆感覚器官から送られた信号は、脳や脊髄へと伝えられる。
脳や脊髄のように、非常に多くの神経が集まり、判断や命令などを行う場所を 中枢 神経という。
◆中枢神経から枝分かれして全身に広がる神経を
末しょう 神経という。
→これらの器官をまとめて神経系という。

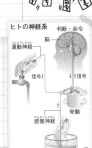
ヒトの神経系

神経系
✎下の〔 〕の中を入れて、図を完成させましょう。

中枢神経	末しょう 神経
脳 脊髄	〔 感覚 〕神経 … 感覚器官から中枢神経に信号を伝える。 〔 運動 〕神経 … 中枢神経から運動器官に信号を伝える。

験
目的

目などで受けとる刺激に対する反応を調べる。

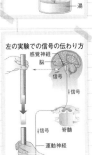
左の実験での信号の伝わり方

ものさしが落ちるのを目で見て、判断をして、手でつかんでいる。

実験
目的

皮膚で受けとる刺激に対する反応を調べる。

❶ストップウォッチをスタートさせると同時に、となりの人の手をにぎる。
❷手をにぎられたら同時にとなりの人の手をにぎる。
❸最後の人に手をにぎられたらストップウォッチを止める。

左の実験での信号の伝わり方

10人で実験をして1.54秒かかった。
→1人あたりにかかった時間… 0.154 秒

結果 手をにぎられたことを感じ、判断をして、反対の手でにぎっている。

脳が「手をにぎる」という命令を出している。

(2)反射

◆刺激を受けて、無意識に決まった反応が起きることを 反射 という。
◆反射は、信号が脳に伝わる前に 脊髄 などで命令が出されるので、反応に要する時間が短い。

なぜ？ からだを危険から守るときなどにつごうがよいため。

◎いろいろな反射

暗い場所ではひとみが大きくなる。

熱いものにふれたとき、無意識に手を引っこめる。

ひざをたたくとひざがのびる。

反射での信号の伝わり方

脊髄が「手をひっこめる」という命令を出している。

---

(1)骨と筋肉

動物の手や足などの運動器官は、骨と筋肉のはたらきによって動く。骨は、からだを支えると同時に、内臓や脳などを 保護 するはたらきをもっている。

筋肉は骨についている。

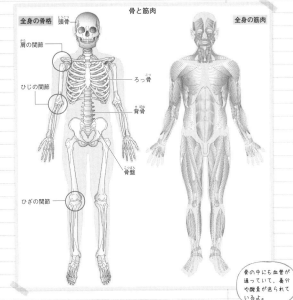
骨と筋肉

全身の骨格　頭骨
肩の関節
ろっ骨
ひじの関節
背骨
骨盤
ひざの関節

全身の筋肉

◎からだを支える骨…あし、うで、骨盤、背骨など
◎脳を守る骨…頭骨
◎内臓を守る骨…ろっ骨など

骨の中にも血管が通っていて、養分や酸素が送られているよ。

(2)ヒトのうでの動き

◆骨と骨どうしが、動きやすい形でつながっている部分を 関節 という。
◆ヒトのうでの骨は、ひじの部分が関節となっている。骨につく筋肉は、両端が けん になっていて、関節をまたいで2つの骨についている。
◆筋肉は骨をはさんでたがいに向き合うようについている。2つの筋肉の一方が縮む(他方はゆるむ)ことによって、ひじなどを曲げたりのばしたりできる。

からだが曲がる部分で、からだの多くの部分にある。

ひじ以外の部分でも、一対の筋肉の一方が縮むことによって、からだが動くしくみになっているよ。

ひじの骨と筋肉の動き
✎下の〔 〕の中を入れて、図を完成させましょう。

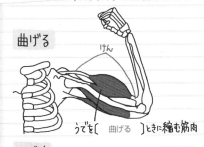
曲げる
けん
うでを〔 曲げる 〕ときに縮む筋肉

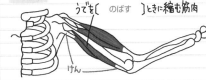
のばす
うでを〔 のばす 〕ときに縮む筋肉
けん

筋肉は中枢神経からの信号で収縮する。1つの筋肉は決まった方向にしか収縮できない。

うで全体には、ほかにも多くの筋肉がついていて、それらがはたらき合うことによって、さまざまな動きができる。

(1)電気を利用するしくみ

電気を利用するしくみは、次の3つの部分から成り立つ。

① 電流を流そうとするところ（電源）

② 電流 を通すところ（導線）

③ 電気を利用するところ ------------

> 発光させる、発熱させる、音を出す、物体を回転させる、磁力を発生させるなど、さまざまな利用の方法がある。

電気を利用するしくみ ✎下の（ ）の中を入れて、図を完成させましょう。

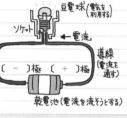

①電流を流そうとするところ

電源装置

〔 乾電池 〕

②電流を通すところ

導線

③電気を利用するところ

豆電球

プロペラ

〔 モーター 〕

(2)回路

乾電池の ＋極 と ー極 に導線で豆電球をつなぐと、

豆電球が光る。このような電流が流れる道筋を 回路 という。

> 電流は、電池の＋極から出て、ー極に向かって流れるよ。

回路 ✎下の（ ）の中を入れて、図を完成させましょう。

豆電球（電気を利用する）

ソケット

電流

〔 ー 〕極　〔 ＋ 〕極

導線（電流を通す）

電流

乾電池（電流を流そうとする）

モーターをつないだ回路

ー極　＋極

乾電池

モーター

スイッチ

導線

矢印は電流の向き

(3)豆電球2個の回路

豆電球2個を1個の乾電池につないで明かりをつける回路では、直列回路と並列回路が考えられる。

直列回路と並列回路 ✎下の（ ）の中を入れて、図を完成させましょう。

● 〔 直列 〕回路
…1本の道筋でつながっている回路。

● 〔 並列 〕回路
…枝分かれした道筋でつながっている回路。

豆電球1個、乾電池2個の回路

直列つなぎ

並列つなぎ

(4)回路図

電気の回路を図で表すときは、電気用図記号を用いた図で表す。このような図を 回路図 という。

> 複雑な回路も、回路図で表すとわかりやすくなるよ。

回路図 ✎直列回路の回路図にならって、豆電球の並列回路の回路図をかいてみましょう。

● 豆電球2個、乾電池1個の直列回路の回路図

● 豆電球2個、乾電池1個の並列回路の回路図

電気用図記号

電池または直流電源	電球	スイッチ	抵抗器または電熱線	電流計	電圧計	導線の交わり（接続するとき）	導線の交わり（接続しないとき）
⊣⊢ （長い方が＋極）	⊗			Ⓐ	Ⓥ		

(1)電流

回路を流れる電流の大きさは、 電流計 で測定することができる。電流の大きさの単位には、アンペア（記号 A）やミリアンペア（記号 mA ）が用いられる。 ------- 1A＝1000mA

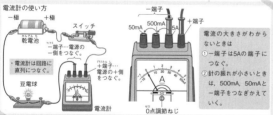

電流計の使い方

ー極　＋極

スイッチ

乾電池

ー端子…電源のー側をつなぐ。

・電流計は回路に直列につなぐ。

豆電球

50mA　500mA　5A

＋端子

ー端子

＋端子…電源の＋側をつなぐ。

電流の大きさがわからないときは
①一端子は5Aの端子につなぐ。
②針の振れが小さいときは、500mA、50mAと一端子をつなぎかえていく。

電流計

0点調節ねじ

(2)回路を流れる電流

回路を流れる電流の大きさを調べると、豆電球に流れこむ前と、豆電球から流れ出たあとで、電流の大きさは 変わらない 。

> 豆電球やモーターのような電気を利用するところを通っても、電流の大きさが小さくなったりはしないよ。

回路を流れる電流の大きさ ✎下の（ ）の中を入れて、図を完成させましょう。

電流計

乾電池

スイッチ

電流

豆電球

〔 220 〕mA　〔 220 〕mA　電流計

豆電球に流れこむ前後で、電流は（ 同じ ）大きさ。

> 電流を川の水でたとえると…
> 流れる水の量は水車を回したあとでも変わらない。

実験

目的　直列回路と並列回路で、電流の流れ方と特徴を調べる。

● 直列回路

回路のA点、B点、C点を流れる電流の大きさを電流計で調べる。

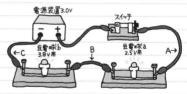

電源装置3.0V

スイッチ

←C

豆電球b 3.8V用

B

豆電球a 2.5V用

A

直列回路の電流を川の水でたとえると…

$I_A = I_B = I_C$

結果　A点…0.2A　B点…0.2A　C点…0.2A

直列回路を流れる電流の大きさは、どこでも 同じ である。

→ $I_A = I_B = I_C$ -------

> A、B、C点を流れる電流を、それぞれ I_A、I_B、I_Cとする。

● 並列回路

回路のD点、E点、F点、G点を流れる電流の大きさを電流計で調べる。

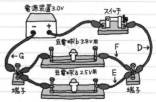

電源装置3.0V

スイッチ

←G

豆電球b 3.8V用

F

D

豆電球a 2.5V用

E

端子　端子

並列回路の電流を川の水でたとえると…

結果　D点…1.0A　E点…0.6A　F点…0.4A

G点…1.0A

並列回路を流れる電流では、枝分かれする前の電流の大きさは、枝分かれしたあとの電流の大きさの 和 に等しい。

→ $I_D = I_E + I_F = I_G$ -------

> D、E、F、G点を流れる電流を、それぞれ I_D、I_E、I_F、I_Gとする。

(1) 電圧

乾電池や電源装置が回路に電流を流そうとするはたらきを，__電圧__という。電圧の大きさは，__電圧計__で測定することができる。電圧の大きさの単位には，ボルト（記号 __V__ ）が用いられる。

> 電圧が大きいほど，回路に電流を流そうとするはたらきが大きい。

電圧計の使い方

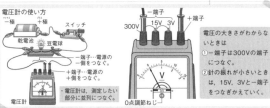

電圧の大きさがわからないときは
① −端子は300Vの端子につなぐ。
② 針の振れが小さいときは，15V，3Vと−端子をつなぎかえていく。

(2) 回路に加わる電圧

豆電球1個の回路では，乾電池の両端の電圧と，豆電球の両端の電圧は，ほぼ__等しい__。

> 乾電池を直列につないだり，電圧の大きい乾電池をつないだりすると，電圧は大きくなる。

回路に加わる電圧の大きさ

▶下の（ ）の中を入れて，図を完成させましょう。

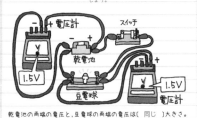

乾電池の両端の電圧と，豆電球の両端の電圧は（ 同じ ）大きさ。

> 電圧を滝の水でたとえると…
> 水の落差が大きくなると，水車を回すはたらきが大きくなる。

実験

目的：直列回路と並列回路で，各部分に加わる電圧の特徴を調べる。

◎直列回路

回路のアイ間，豆電球aの両端，豆電球bの両端に加わる電圧の大きさを電圧計で調べる。

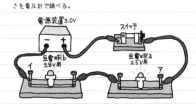

> 直列回路の電圧を滝の水でたとえると…
> $V_{アイ} = V_a + V_b$

結果：アイ間…3.0V　豆電球a…1.2V　豆電球b…1.8V

直列回路では，各部分に加わる電圧の大きさの__和__は，全体に加わる電圧の大きさに等しい。

→ $V_{アイ} = V_a + V_b$

> アイ間，豆電球a，豆電球bに加わる電圧をそれぞれ $V_{アイ}$，V_a，V_b とする。

◎並列回路

回路のアイ間，豆電球aの両端，豆電球bの両端に加わる電圧の大きさを電圧計で調べる。

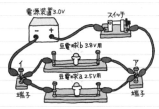

> 並列回路の電圧を滝の水でたとえると…
> $V_{アイ} = V_a = V_b$

結果：アイ間…3.0V　豆電球a…3.0V　豆電球b…3.0V

並列回路では，各部分に加わる電圧の大きさと，全体に加わる電圧の大きさは__同じ__になる。

→ $V_{アイ} = V_a = V_b$

> アイ間，豆電球a，豆電球bに加わる電圧をそれぞれ $V_{アイ}$，V_a，V_b とする。

---

(1) オームの法則

電熱線に電流を流すと，電熱線に流れる電流の大きさと，電熱線の両端に加わる電圧の大きさは__比例__する。この関係を，__オーム__の法則という。

> 電圧の大きさが2倍，3倍…になると，電流の大きさも2倍，3倍…になる。

実験

目的：回路に加わる電圧と流れる電流の関係を調べる。

① 電熱線aの両端に加わる電圧と，流れる電流を測定できる回路をつくる。
② 電圧を変えて，流れる電流の大きさを測定する。
③ 電熱線bに変えて，同様に測定する。

> 電熱線のかわりに，抵抗器を使ってもよい。

測定結果は下の表のようになった。

電圧（V）	0	2.0	4.0	6.0	8.0	10.0
電流（A） 電熱線a	0	0.06	0.14	0.20	0.26	0.34
電流（A） 電熱線b	0	0.11	0.20	0.30	0.41	0.49

電流と電圧の関係

▶上の実験の数値を用いて，右の図に電熱線aのグラフをかき入れましょう。

> 原点を通る直線のグラフは，比例の関係を表すグラフ。

(2) 抵抗

◆電流の流れにくさを電気抵抗または__抵抗__という。抵抗の大きさの単位には，オーム（記号 __Ω__ ）が用いられる。

◆オームの法則を式で表すと，次のようになる。

$$V = R \times I$$

電圧〔V〕＝抵抗〔Ω〕×電流〔A〕

> $I = \dfrac{V}{R}$ または $R = \dfrac{V}{I}$ と形を変えることもできる。

◎物質の種類と抵抗のちがい

・一般に，__金属の抵抗は小さく__，電流を通しやすい。このような物質を__導体__という。
・ガラスやゴムなどは，__抵抗がきわめて大きく__，ほとんど電流を通さない。このような物質を__不導体__または絶縁体という。

いろいろな物質の抵抗

	物質	抵抗〔Ω〕
導体	金	0.022
	銀	0.016
	銅	0.017
	鉄	0.10
	タングステン	0.054
	ニクロム	1.1
不導体	ガラス	$10^{11}\sim10^{15}$
	ゴム	$10^{19}\sim10^{21}$

（断面積1mm²，長さ1m，温度20℃）

直列回路と並列回路の抵抗

▶下の（ ）の中を入れて，図を完成させましょう。

◎直列回路の抵抗

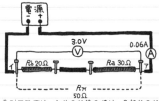

3.0V　0.06A
Rb 20Ω　Ra 30Ω　$R_{アイ}$ 50Ω

直列回路では，全体の抵抗の値は，各部分の抵抗の（ 和 ）に等しい。→ $R_{アイ} = R_a + (R_b)$

> 抵抗を直列につなぐと，電流が通りにくい。

> 合成抵抗という。

◎並列回路の抵抗

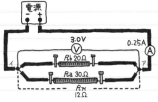

3.0V　0.25A
Rb 20Ω　Ra 30Ω　$R_{アイ}$ 12Ω

並列回路では，全体の抵抗の値は，1つ1つの抵抗の値よりも（ 小さく ）なる。→ $R_{アイ} < R_a$，$R_{アイ} < (R_b)$

> $\dfrac{1}{R_{アイ}} = \dfrac{1}{R_a} + \dfrac{1}{R_b}$ という関係になる。

(1)電力

◆電気のエネルギーは, 熱や光, モーターの回転などの
さまざまな形で利用されている。
◆電気器具が, 熱や光, 音を出したり, 物体を動かしたり
する能力を 電力 といい, 単位にはワット
（記号 W ）が用いられる。

電力[W] ＝ 電圧[V] × 電流[A]

$$P = V \times I$$

電気器具の消費電力表示

100V〜
195W
50/60Hz

100Vの電源につなぐと195Wの電力を消費する器具の表示。

2つの電球の消費電力

▶下の[ ]の中を入れて, 図を完成させましょう。

家庭用電源
100V

配線タップ　100V　100V
0.18A　0.90A

電球A 消費電力18W　電球B 消費電力90W

100V × 0.18[A] ＝18[W]　100V × 0.90[A] ＝90[W]

電球Aと電球Bは並列につながっている。

全体の消費電力 ＝18[W] ＋90[W] ＝[108][W]

家庭用電源に接続している電気器具は, すべて並列につながっているよ。

(2)熱量と電力量

◆電熱線に電流を流したときに発生する熱エネルギーの量を
熱量といい, 単位にはジュール（記号 J ）が用いられる。
電熱線に一定時間電流が流れたときの熱量は, 次の式。

熱量[J] ＝ 電力[W] × 時間[s]

$$Q = P \times t$$

◆このとき, 電熱線で消費された電気エネルギーを 電力量
といい, 同様に, 次の式で表される。

電力量[J] ＝ 電力[W] × 時間[s]

$$W = P \times t$$

水1gの温度を1℃上げるために必要な熱量は, 約4.2J。

熱量と電力量は, 同じエネルギーの量を表しているので, 同じ式になる。

◆電力量の単位…Jのかわりにワット時（記号Wh）やキロワット時（記号 kWh）が用いられる場合が多い。

1[Wh] ＝ 1[W] × 3600[s]
＝ 3600 [J]

電気料金の請求書など, 実用的な場面では, JよりもWhを用いる。

実験

目的：電熱線の発熱量とワット数, 電流, 電圧の関係を調べる。

①発泡ポリスチレンのカップに水100cm³を入れ, 室温と同じくらいになったら, 水温を調べる。

②右図のような回路をつくり, 6.0Vの電圧を加え, 電流の値を測定する。

③ときどきかき混ぜながら, 1分ごとに水温を5分間測定する。

④ほかの電熱線でも同様に調べる。

室温と同じ水温にするのは, 電熱線の熱以外による水温変化をさけるため。

大切：電力[W]＝電圧[V]×電流[A]

結果：測定結果は下の表のようになった。

電圧[V]	6.0					6.0					6.0				
電流[A]	1.0					1.5					3.0				
電力[W]	6W					9W					18W				
開始前の水温[℃]	18.1					18.5					18.3				
時間[分]	1	2	3	4	5	1	2	3	4	5	1	2	3	4	5
水温[℃]	18.8	19.6	20.2	21.0	21.6	19.6	20.6	21.7	22.9	24.1	20.4	22.6	24.8	27.2	29.2
上昇温度[℃]	0.7	1.5	2.1	2.9	3.5	1.1	2.1	3.2	4.4	5.6	2.1	4.3	6.5	8.9	10.9
電圧×電流	6.0					9.0					18.0				

・電圧が同じでも, 電熱線のワット数が
大きいと, 水温上昇が大きくなる。
→ 電熱線が消費する電力が大きいため。
→ 熱を発生させる能力が 大きい ため。

・電力が同じでも, 電流を流す時間が長いほど, 水温上昇が大きくなる。
→ 電熱線から発生する熱量が 大きく なるため。

Q＝P×tなので, t（時間）が長くなるほど, Q（熱量）が大きくなる。

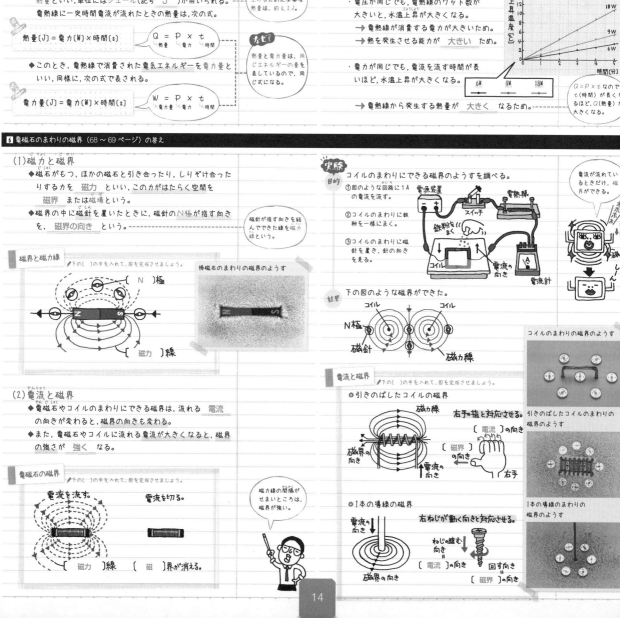

(1)磁力と磁界

◆磁石がもつ, ほかの磁石と引き合ったり, しりぞけ合ったりする力を 磁力 といい, この力がはたらく空間を
磁界 または磁場という。
◆磁界の中に磁針を置いたときに, 磁針のN極が指す向きを, 磁界の向き という。

磁針が指す向きを結んでできた線を磁力線という。

磁界と磁力線

▶下の[ ]の中を入れて, 図を完成させましょう。

[N]極
[磁力]線

棒磁石のまわりの磁界のようす

(2)電流と磁界

◆電磁石やコイルのまわりにできる磁界は, 流れる 電流
の向きが変わると, 磁界の向きも変わる。
◆また, 電磁石やコイルに流れる電流が大きくなると, 磁界
の強さが 強く なる。

電磁石の磁界

▶下の[ ]の中を入れて, 図を完成させましょう。

電流を流す。　　電流を切る。

[磁力]線　　[磁]界が消える。

磁力線の間隔がせまいところは, 磁界が強い。

実験

目的：コイルのまわりにできる磁界のようすを調べる。

①図のような回路に1Aの電流を流す。
②コイルのまわりに鉄粉を一様にまく。
③コイルのまわりに磁針を置き, 針の向きを見る。

電流が流れているときだけ, 磁界ができる。

結果：下の図のような磁界ができた。

N極　磁針　磁力線
コイル　コイル

コイルのまわりの磁界のようす

電流と磁界

▶下の[ ]の中を入れて, 図を完成させましょう。

◎引きのばしたコイルの磁界

磁力線
右手の指と対応させる。
[電流]の向き
[磁界]の向き
磁界の向き
電流の向き
右手

引きのばしたコイルのまわりの磁界のようす

◎1本の導線の磁界

電流の向き
右ねじが進む向きと対応させる。
ねじの進む向き ＝ [電流]の向き
回す向き ＝ [磁界]の向き
磁界の向き

1本の導線のまわりの磁界のようす

1) 電流が磁界から受ける力

磁界の中を通る導線に電流が流れると，導線は　磁界　から力を受ける。このとき，導線に流れる電流を大きくすると，受ける力も大きくなる。受ける力の向きは，磁界の向きと　電流　の向きによって決まる。

磁界の向きを逆にすると，力の向きは逆になる。電流の向きを逆にしても，力の向きは逆になる。

実験 磁界の中に置いた導線に電流を流すとどうなるのかを調べる。

①コイルをU字形磁石の中につるし，電流を流して，コイルの動きを調べる。

②電流や磁界の向きを変える。

③電流の大きさを変える。

フレミングの左手の法則

電流，磁界，力の向きの関係は，90°ずつ開いた左手の指に対応する。

結果

①電流を流すとコイルが動く。

②電流や磁界の向きが変わると，動く向きが変わる。

③電流が大きくなると，動きが大きくなる。

このはたらきを利用した道具がモーターだよ。

モーターのしくみ

①DABCの向きに電流が流れる。　②DABCの向きに電流が流れる。　③CBADの向きに電流が流れる。

力の向きが同じなので，回転し続ける。

(2) 電磁誘導

◆コイルの内部の磁界が変化すると，コイルに電流を流そうとする電圧が生じる。この現象を　電磁誘導　といい，このとき流れる電流を　誘導電流　という。

◆電磁誘導を利用して，誘導電流を連続して得られるようにしたしくみを　発電機　という。

なぜ？ コイルに磁石を出し入れすると，コイル内の磁界が変化に逆らおうとして，電磁誘導が起こる。

実験　目的 コイルと磁石で電流をつくりだすときの条件を調べる。

①図のような回路をつくり，コイルに棒磁石を出し入れする。

②動かす速さや磁石の極を変える。

③コイルの巻数をふやす。

自転車の発電機のしくみ

コイルの中で磁石を回転させて発電する。

結果

・コイルに磁石を出し入れすると，回路に電流が流れた。

・磁石を入れるときと出すときでは，電流の向きが逆になった。

・磁石の動きを速くすると，電流が大きくなった。

・磁石の極を変えると，電流の向きが逆になった。

・コイルの巻数をふやすと，電流が大きくなった。

磁石がコイルの中でとまっているときは，磁界が変化しないので，電流は流れない。

なぜ？ 磁石の動きが速いと，磁界の変化が激しいから。

(3) 直流と交流

乾電池から流れる電流のように，一定の向きに流れる電流を　直流　といい，発電機で得られる電流のように，流れる向きが周期的に入れかわる電流を　交流　という。

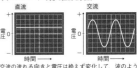

オシロスコープで見た直流と交流

交流の流れる向きと電圧は絶えず変化し，波のように見える。1秒あたりの波のくり返しの数を周波数といい，単位にはヘルツ（記号Hz）を用いる。

---

1) 静電気

種類が異なる物質どうしをこすり合わせると，　静電気　が発生する。このとき，物体が静電気を帯びることを　帯電　という。

静電気が生じる理由

こすり合わせると，－の電気が移動する。

ストロー　アクリルパイプ

－の電気を帯びる。　＋の電気を帯びる。

実験 静電気のはたらきを調べる。

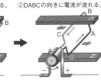

①ストロー2本とアクリルパイプ2本をこすり合わせる。

②ストロー1本を回転台にのせ，別のストロー，アクリルパイプを近づける。

③アクリルパイプ1本を回転台にのせ，同様にする。

結果

◎ストローを回転台にのせたとき

・ストローを近づける。→しりぞけ合う。

・アクリルパイプを近づける。→引き合う。

◎アクリルパイプを回転台にのせたとき

・ストローを近づける。→引き合う。

・アクリルパイプを近づける。→しりぞけ合う。

◆異なる電気は…引き合う。

◆同じ電気は…しりぞけ合う。

◎静電気の生じ方

ストロー…－の電気を帯びる。

アクリルパイプ…＋の電気を帯びる。

同種の電気を帯びている物体どうしはしりぞけ合う。異種の電気を帯びている物体どうしは引き合う。

◆静電気と放電

帯電していた静電気が，別の物体に流れ出したり，いなずまのように空気中を移動する現象を　放電　という。

放電（いなずま）

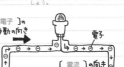

(2) 真空放電と陰極線

◆放電管の管内の空気を真空ポンプでぬいて気圧を低くし，数万Vの電圧をかけると，管内に電流が流れる。このような現象を　真空放電　という。

◆蛍光板が入った真空放電管（クルックス管）で真空放電を起こすと，蛍光板上に線状の光が現れる。このような線を　陰極線　または電子線という。

照明に使われる蛍光灯も，放電管の一種だよ。

(2) 陰極線

下の〔　〕の中を入れて，図を完成させましょう。

真空放電（クルックス）〔　〕管

電圧をかけたり，磁石を近づけると〔　陰極線　〕が曲がる。

なぜ？ 陰極線は電子の流れだから，電子どうしでしりぞけ合い，＋極と引き合う。

(3) 電流の正体

◆陰極線の正体は，－の電気を帯びた小さな粒子の流れである。この－の電気を帯びた粒子を　電子　という。

◆電子は　－　極から　＋　へと移動する。

◆導線に電圧を加えたときも，－の電気を帯びた電子が，＋極のほうへ引かれて移動する。この電子の流れが電流の正体である。

＋極から－極へ流れると決められている電流の向きとは逆である。

電子の移動と電流

下の〔　〕の中を入れて，図を完成させましょう。

〔　電子　〕の移動の向き　電子

〔　電流　〕の向き

導線の中のようす

銅線

電子

(1) 放射線

- **放射線** … X線，α線，β線，γ線などがある。
- **放射性物質** …放射線を出す物質。ウラン，放射性カリウム，ラドンなど。
- **放射能** …放射線を出す能力。

◎放射線の性質
① 目に見えない。
② 物体を通りぬける性質がある。（透過性）
③ 物質の性質を変える。

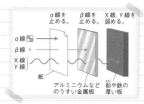

◆放射性物質は食物や空気，岩石などにふくまれ，放射線が出ている。また宇宙からも放射線が降り注いでいる。このような自然界に存在する放射線を自然放射線という。

◆生物が放射線を大量に浴びると，**細胞** が傷ついたり死滅してしまったりする危険性があるので，不要な放射線を受けないよう，とり扱いには注意が必要である。

1895 年にドイツの科学者レントゲンが真空放電の実験をしていたときに放射線を発見したよ。

放射線の種類によって透過する力が異なる。

(2) 放射線の利用

放射線はさまざまな場面で利用されている。

◆X線（レントゲン）撮影や手荷物検査などは，放射線の **透過性** を利用している。

おもに人工的につくられた放射線が使われる。

X線撮影

手荷物検査

◆放射線の物質を変化させる性質は，医療，農業，工業などのいろいろな分野で利用されている。
・医療→がん治療，医療器具の滅菌など
・農業→ジャガイモの発芽防止，品種改良など
・工業→ゴムの耐熱性の向上など

がん治療

品種改良

自動車のタイヤ

---

(1) 気象の観測

大気中で起こるさまざまな現象を気象という。
気象情報は，気温，**湿度**，気圧，風向，**風力** などの気象要素をもとにつくられる。
（空気のしめり気の度合い）（風の強さ）

気象の変化を予測することは，昔から大切だった。

気象観測のしかた
（下の〔　〕の中を入れましょう。）
◆天気を調べる。
　天気は雲量で判断する。

空全体を 10 としたときの，空を雲がおおっている割合を雲量という。

快晴　　　晴れ　　　くもり

雲量 0〜1　　2〜8　　9〜10

◆気温，湿度を計測する。
　気温…地上から1.5mの高さで，温度計の球部に直射日光を当てないようにしてはかる。
　湿度…乾湿計の〔 乾球 〕の示す示度と，乾球と湿球の示す示度の差から，湿度表より読みとる。
◆気圧を計測する。
　気圧計ではかる。単位はヘクトパスカル（記号 hPa）
　1 気圧＝約〔 1013 〕hPa
◆風向，風力を計測する。
　風向は風向計で調べ，風力は風力階級表で判断する。

◎天気図の読み方

天気図記号
天気，風向，風力を図のように表す。
例：天気…くもり
　　風向…北北東
　　風力…3

等圧線…気圧が等しい地点を結んだ曲線。1000hPaを基準に4hPaごとに引く。
〔20〕hPaごとに太線を引く。

乾湿計

乾球温度計　湿球温度計

水

天気を表す記号

天気	記号
快晴	○
晴れ	◑
くもり	◎
雨	●
雪	⊗

(2) 圧力

1㎡あたりの面積を垂直におす力を **圧力** という。
◆圧力の単位… パスカル （記号：Pa）を用いる。
◆圧力を求める公式

1 Pa＝1 N/㎡

$$圧力(Pa)＝\frac{面を垂直におす力(N)}{力がはたらく面積(㎡)}$$

面積の単位が「㎡」であることに注意する。

圧力の性質
（下の〔　〕の中に言葉を入れて，図を完成させましょう。）

・面を垂直におす力の大きさが一定のとき

レンガ
力がはたらく面積が小さい
⇒圧力が
〔 大きい 〕。

スポンジ
力がはたらく面積が大きい
⇒圧力が
〔 小さい 〕。

・力がはたらく面積が一定のとき

面を垂直におす力が小さい
⇒圧力が
〔 小さい 〕。

面を垂直におす力が大きい
⇒圧力が
〔 大きい 〕。

例題 質量800gの図のような物体を床に置きました。物体をBの面を下にして床に置いたとき，物体が床に加える圧力は何Paですか。
ただし，100gの物体にはたらく重力の大きさを1Nとします。

床を垂直におす力の大きさは，8 〔N〕
Bの面積は，0.02(m)×0.1(m)＝ 0.002 〔㎡〕

面積は「㎡」で計算する。

床に加える圧力は，$\dfrac{8 〔N〕}{0.002 〔㎡〕}$＝ 4000 〔Pa〕

公式にあてはめる。

2cm
10cm　B　4cm
C　A

(1) 気圧

◆ 気圧（大気圧）は，<u>空気</u> の重さによって生じる圧力。

◆ 気圧は，高地になるほど <u>低</u> くなり，
海面の高さに近くなるほど <u>高</u> くなる。

◆ 気圧は，<u>あらゆる方向</u> からはたらく。

> なぜ？
> 上にある空気の層がうすくなるため。

気圧

▶下の（　）の中を入れて，図を完成させましょう。

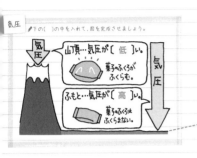

> 大気圧の単位はヘクトパスカル（記号 hPa）
> 1hPa＝100Pa
> 海面（海抜 0m）での大気圧は約 1013hPa で，これを 1 気圧という。

(2) 気圧と風

◆ 同時刻に観測した気圧の値の等しい地点を結んだ
なめらかな曲線を，<u>等圧線</u> という。

◆ 風は，気圧の <u>高</u> いところから，<u>低</u> いところに
向かってふく。

> 等圧線の間隔がせまいほど風は強い。

> 風は，空気が移動する現象。

気圧と風

▶下の（　）の中を入れて，図を完成させましょう。

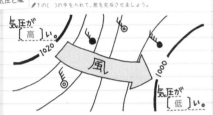

> 天気図記号の風向をたどっていくと，空気が移動する方向がわかるね。

(3) 高気圧と低気圧

等圧線は，必ずもとの位置にもどる閉じた曲線になる。
等圧線で囲まれた周辺より気圧が高い部分を <u>高気圧</u> とい
い，周辺より気圧が低い部分を <u>低気圧</u> という。

> 台風は，低気圧が発達してできたものだよ。

> 大きくなりました…

◎ 高気圧
・中心部のほうが周辺よりも気圧が高い。
　→ 中心部から周辺に向かって，時計回りに風がふく。
・空気は，上空から地上に向かって移動する。
　→ <u>下降</u> 気流という。

◎ 低気圧
・中心部のほうが周辺よりも気圧が低い。
　→ 周辺から中心部へ向かって，反時計回りに風がふく。
・空気は，地上から上空に向かって移動する。
　→ <u>上昇</u> 気流という。

> 風が，うずを巻くようにふきこむ。

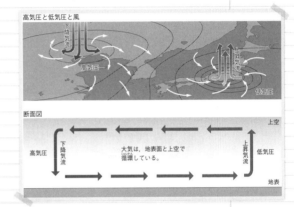

(2) 気圧と風（続き） ※断面図

大気は，地表面と上空で循環している。

(1) 気団と前線

◆ 大陸上や海上などの広い範囲で，ほぼ一様な気温や温度などをもつ空気の大きなかたまりを <u>気団</u> という。

◆ 気温や温度などの性質の異なる気団どうしが接すると，すぐには混じり合わずに境界面ができる。この面を <u>前線面</u> という。前線面が地表面と交わる線を <u>前線</u> という。

> 気団は，ほとんど動かない大きな空気といえる。

気団と前線

▶下の（　）の中を入れて，図を完成させましょう。

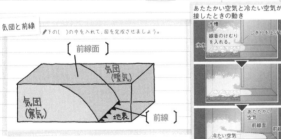

あたたかい空気と冷たい空気が接したときの動き

(2) いろいろな前線

前線には，押し合う気団の性質によって，さまざまな種類のものがある。

◎ 寒冷前線…寒気（冷たい空気）が暖気（あたたかい空気）の下にもぐりこみ，<u>暖気</u> をおし上げながら進む前線。

記号 ▼▼▼▼

◎ 温暖前線…暖気が寒気の上にはい上がり，<u>寒気</u> をおしやりながら進んでいく前線。

記号 ●●●●

> 冷たい空気は，あたたかい空気よりも同体積での重さが重いので，あたたかい空気の下になるよ。

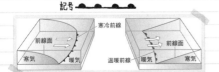

(2)（続き）

◎ 停滞前線…もぐりこもうとする寒気と，はい上がろうとする暖気がぶつかり合って，位置がほとんど動かない前線。

記号 ▼●▼●

> つゆ（梅雨）のころにできる梅雨前線は，停滞前線の一種。

(3) 前線と雲

前線付近では，広い範囲で空気が上昇する。上昇した空気は
上空で冷やされるため，空気中の <u>水蒸気</u> が <u>水</u> に状態
変化して，小さな水滴ができる。さらに上空で冷やされる
と，水滴は <u>氷</u> に状態変化する。これらの水滴や氷の粒が
雲となる。

前線でできる雲

▶下の（　）の中を入れて，図を完成させましょう。

寒冷前線　雲ができる　雲ができる [上昇]気流　温暖前線 [上昇]気流 雲ができる　寒気　暖気　暖気　寒気

(4) 前線と温帯低気圧

中緯度帯で発生し，前線をともなう低気圧を <u>温帯</u> 低気圧という。この低気圧の南東側には <u>温暖</u> 前線が，南西側には
<u>寒冷</u> 前線ができ，西から東へ進みながら発達する。

前線と温帯低気圧

▶下の（　）の中を入れて，図を完成させましょう。

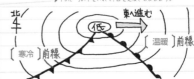

北　東へ進む　低　[温暖]前線　[寒冷]前線

温帯低気圧の発達と雲の範囲の変化

前線の北側に，東西に長く雲ができる。

温暖前線と寒冷前線の区別がはっきりして，雲は北側へふくらんでくる。

閉塞前線

寒冷前線に対応する雲が現れ，閉塞前線ができる。

低気圧の中心からうず状の雲となる。

(1)寒冷前線と天気の変化

◆寒冷前線付近では，暖気が空高くにおし上げられるので，[積乱]雲が発達する。そのため，強い雨が短時間降ることが多い。また，強風をともなうことも多い。

◆寒冷前線の通過後は，北寄りの風がふき，[寒気]におおわれるので，気温が下がる。

> 前線通過前の風向は南寄り。

寒冷前線と天気の変化

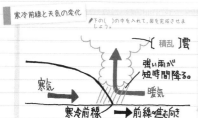

✎下の〔 〕の中を入れて，図を完成させましょう。

- 〔 積乱 〕雲
- 強い雨が短時間降る。
- 寒気
- 暖気
- 寒冷前線 → 前線の進む向き

寒冷前線，温暖前線付近の風のふき方

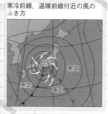

(2)温暖前線と天気の変化

◆温暖前線付近では，暖気が寒気の上にはい上がって進むので，[乱層]雲や高層雲などの雲が広い範囲にできる。そのため，おだやかな雨が長時間降り続くことが多い。

◆温暖前線の通過後は，南寄りの風がふき，[暖気]におおわれるので，気温が上がる。

> 乱層雲は「雨雲」ともよばれる雲だよ。

温暖前線と天気の変化

✎下の〔 〕の中を入れて，図を完成させましょう。

- 〔 高層 〕雲　高積雲　巻積雲　巻層雲　巻雲
- 乱層雲
- 暖気
- 弱い雨が長時間降る
- 寒気
- 温暖前線 → 前線の進む向き

(3)停滞前線と天気の変化

◆停滞前線付近では，厚い雲ができ，また停滞前線は動きがおそいので，長期間雨が降り続くことが多い。

◆初夏の[梅雨]前線や，秋の秋雨前線は停滞前線である。

停滞前線の雲

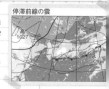

(4)前線の通過と天気の変化

気象観測の結果から，どのような前線がいつ通過したのかを読みとることができる。

気象観測データと前線の通過

✎下の〔 〕の中を入れて，図を完成させましょう。

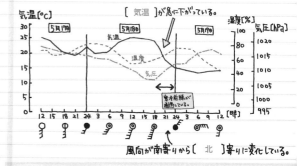

[気温]が急に下がっている。

寒冷前線が通過している。

風向が南寄りから[北]寄りに変化している。

上の観測期間の天気図の変化

5月17日　5月18日　5月19日

---

(1)大気の動き

◆地球上の大気は，太陽から受けとるエネルギーが大きい[赤道]付近ではあたたかく，受けとるエネルギーが小さい北極，南極付近では冷たい。この温度の差があるため，地球上の大気が循環する。

◆日本列島が位置する地球の中緯度帯の上空には，西から東へ向かってふく[偏西]風がふいている。

地球上の位置の表し方

- 北極点（北緯90度）
- 高緯度帯
- 中緯度帯
- 日本列島
- 低緯度帯
- 中緯度帯
- 高緯度帯
- 赤道（0度）
- 南極点（南緯90度）

地球規模での大気の動き

✎下の〔 〕の中を入れて，図を完成させましょう。

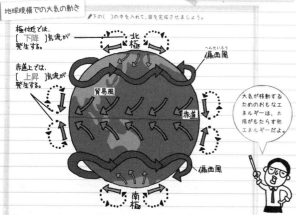

- 極付近では，〔 下降 〕気流が発生する。
- 北極
- 偏西風
- 赤道上では，〔 上昇 〕気流が発生する。
- 貿易風
- 赤道
- 偏西風
- 南極

> 大気が移動するためのおもなエネルギーは，太陽がもたらす熱エネルギーだよ。

(2)季節風

◆大陸と海の間に温度差が生じると，あたたかいほうに[上昇]気流が生じて低気圧が発生し，冷たいほうに[下降]気流が生じて高気圧が発生する。高気圧と低気圧の間には風が生じる。

◆大陸と海の温度差によって生じる，季節に特徴的な風を[季節風]といい，日本列島の気候に大きな影響を与えている。

> なぜ？
> 水はあたたまりにくく冷えにくい。陸をつくる岩石などはあたたまりやすく冷えやすい。そのため，大陸と海に温度差が生じる。

気圧配置と季節風

✎下の〔 〕の中を入れて，図を完成させましょう。

- ユーラシア大陸　冬　〔 高 〕圧　北西の季節風がふく。　太平洋　低気圧
- ユーラシア大陸　夏　〔 低 〕圧　南東の風がふく。　太平洋　高気圧　季節風

- 冬　北西の季節風　さむい　さむい
- 夏　南東の季節風

(3)海陸風

◆昼の間，陸があたためられると，陸上に上昇気流が生じ，海から陸へ向かって風がふく。この風を[海風]という。

◆夜になって，陸が冷えると，陸上に下降気流が生じ，陸から海へ向かって風がふく。この風を[陸風]という。

海風と陸風

✎下の〔 〕の中を入れて，図を完成させましょう。

- 昼　上昇気流　〔 海 〕風　あたたかい　冷たい　陸　海
- 夜　上昇気流　〔 陸 〕風　冷たい　あたたかい　陸　海

> 海風と陸風が入れかわる朝夕には風が止まり，この時間帯のことを「なぎ」というよ。

日本付近の雲の動き

偏西風の影響で，西から東のほうへ，雲が移動している。

 ▶ ▶

18

(1)冬の天気

◆冬には、ユーラシア大陸上でシベリア高気圧が発達し、付近には冷たく乾燥した シベリア 気団ができる。太平洋上には低気圧ができることが多く、このような気圧配置を 西高東低 の気圧配置とよぶ。

◆この時期には北西の季節風がふき、日本海側では大雪となり、太平洋側では乾燥した晴れの日が続くことが多い。

冬の日本付近の天気図

冬の日本海側と太平洋側の天気

▶下の（ ）の中を入れて、図を完成させましょう。

シベリア気団からの冷たく乾燥した北西の（ 季節 ）風がふく。

乾燥した空気が水蒸気をふくみ、雲が発達する。

山にぶつかって多くの（ 雪 ）を降らせる。

水蒸気を失い、北西の（ 季節 ）風がふく。

ユーラシア大陸　日本海　日本列島　太平洋

(2)春と秋の天気

◆春と秋には、低気圧と高気圧が次々に日本列島付近を通過するので、晴れの日とくもりの日が短期間ずつ交互に訪れる。

このような高気圧を、移動性高気圧という。

◆この低気圧と高気圧は西から東へ移動するので、天気は 西 から 東 へ変わることが多い。

秋の低気圧と高気圧の動き

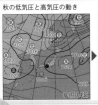 

10月14日　10月15日　10月16日

(3)つゆ（梅雨）

初夏のころ、日本列島付近には、南のあたたかくしめった小笠原気団と、北の冷たくしめったオホーツク海気団の間に停滞前線ができて、雨やくもりの日が長く続く。この時期を つゆ といい、できた停滞前線を 梅雨 前線という。

つゆの日本付近の天気図

(4)夏の天気

夏には、日本列島の南にある太平洋高気圧が成長し、日本列島はあたたかくしめった 小笠原 気団におおわれる。そのため、日本列島では、高温で湿度の高い 晴れ の日が続くことが多い。

夏の日本付近の天気図

(5)台風

低緯度の熱帯地方で発生する熱帯低気圧が発達したものを 台風 という。日本には、夏から秋にかけてやってくることが多く、大量の雨と強い風をともなうため、被害が生じることがある。

台風の雲のようす

台風の進路

▶下の（ ）の中を入れて、図を完成させましょう。

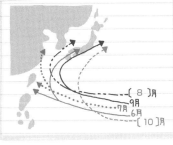

［ 8 ］月
9月
7月
6月
［ 10 ］月

フィリピン沖などで発生する熱帯低気圧のうち、最大風速が秒速17.2m以上のものを台風という。

◆気象は、豊富な水資源などの恵みをもたらすが、大雨による洪水やがけ崩れなど、災害を発生させることもある。

---

(1)飽和水蒸気量

◆空気がふくむことのできる水蒸気の量には限度がある。1m³の空気がふくむことのできる限度の水蒸気量を 飽和 水蒸気量という。

空気の温度が上がると、飽和水蒸気量は大きくなる。

◆空気中の水蒸気量が飽和水蒸気量をこえると、液体の 水 となって、空気中から出ていく。

空気中の水蒸気

▶下の（ ）の中を入れて、図を完成させましょう。

氷・水・食塩を混ぜたもの
冷える
ぬるま湯

（ 水蒸気 ）が変化した水滴がつく。

やせて！
空気の温度が下がると、飽和水蒸気量は小さくなるため、空気がふくむことのできなくなった水蒸気が、液体の水となって現れる。

実験

目的　湿度が100%になるとどうなるかを調べる。

①室温の水を金属製のコップに入れ、温度をはかる。

②少しずつ氷水を入れて、かき混ぜる。

③水滴がつき始める温度をはかる。

温度計
半分くらい水を入れる。
金属製のコップ
氷水
水滴がつく。

冬に窓ガラスの内側にできる結露もこれと同じはたらきでできる。

結果　ある程度温度が下がったところで、コップの表面に水滴がつき始めた。

→コップの周囲の空気の温度が下がり、湿度が100%に達したときに、水滴がつき始める。

◆露点
・空気にふくまれる水蒸気が凝結して水滴に変わり始める温度を 露点 という。

水蒸気が水滴に変わる現象を凝結という。

・露点は、そのとき空気にふくまれている 水蒸気 の質量によって変化する。

(2)飽和水蒸気量と湿度

空気のしめりぐあいを表す度合いで、1m³の空気にふくまれる水蒸気の質量が、飽和水蒸気量に対してどれくらいの割合であるかを百分率で示したものを 湿度 という。

$$湿度[\%] = \frac{1m³の空気にふくまれる水蒸気の質量[g/m³]}{その空気と同じ気温での飽和水蒸気量[g/m³]} \times 100$$

例題　気温20℃の空気1m³中の水蒸気の質量が10.8g/m³のときの湿度を求めなさい。

・水蒸気の質量…10.8 g/m³
・20℃の飽和水蒸気量… 17.3 g/m³

$$湿度[\%] = \frac{10.8 [g/m³]}{17.3 [g/m³]} \times 100$$

= 62 [%] ←小数第1位を四捨五入

気温と飽和水蒸気量

気温 [℃]	飽和水蒸気量 [g/m³]
-5	3.4
0	4.8
5	6.8
10	9.4
15	12.8
20	17.3
25	23.1
30	30.4
35	39.6

気温と飽和水蒸気量との関係

▶下の（ ）の中を入れて、図を完成させましょう。

1m³の空気にふくまれる水蒸気の質量
[g/m³]

飽和
（ 露点 ）

さらにふくむことのできる水蒸気の量

ふくみきれなくなった水蒸気が（ 水滴 ）になって出てくる。

水蒸気　水蒸気　水蒸気

12.8
6.8

気温[℃]
0　5　15　25

(1)雲のでき方

空気がさまざまな理由で上昇すると、次のようなはたらきで
雲ができる。

①上空は　気圧　が低いために空気が膨張する。

②空気が膨張すると、温度が下がる。

③温度が下がると、飽和水蒸気量が下がり、湿度が高くなる。

④空気のかたまりが上昇し続けると、やがて露点に達する。

⑤空気にふくまれていた水蒸気のうち、飽和水蒸気量をこ
えた分が、凝結して水滴になる。

このようにしてできた水滴や、さらに温度が低いところで
できた　氷　の粒が集まって雲をつくる。

なぜ?
空気が上昇する理由
・空気が山の斜面な
どにぶつかって上
昇する。
・太陽の光であたた
められた地面にあ
たためられて、空
気が上昇する。
・前線面で、あたた
かい空気の上昇気
流が発生する。
など。

目的
①簡易真空容器の中を少量
の水でしめらせて、線香
のけむりを入れる。

②ピストンを上下さ
せて、中の気圧を
変化させる。

結果
中の気圧が下がると、容器内が白くくもった。
→容器内の気圧が下がり、空気が膨張して気温が下
がったため、空気中の水蒸気が凝結した。

なぜ?
線香のけむりを
入れると、水蒸気
がけむりを核にし
て凝結しやすくな
る。

雲のでき方

✐下の〔　〕の中を入れて、図を完成させましょう。

④気温が0℃以下になると
〔　氷　〕の粒ができる。

②〔　露点　〕
に達すると
水滴ができ始める。

⑤水滴や氷の粒が
集まって大きくなる。

③空気が膨張
してさらに
気温が下がる。

①水蒸気を
ふくんだ空気が
上昇する。

雲のできる高さ（雲底）

雨　雪

空高くでできた
氷の結晶が落ち
てきたものが雪
だよ。

霧は、太陽が
のぼって気温が上
がると消えてし
まうよ。

◉雨…雲の中で集まった水滴が、そのまま落ちてきたもの。

◉雪…雲の中で集まった水滴が、冷やされて氷の結晶となっ
てとけずに落ちてきたもの。

◉霧…夜や明け方に気温が下がり、地表付近の空気が冷やさ
れて、空気中の水蒸気が水滴に変わったもの。

(2)水の循環

◆地球上の表面の約70%は　海　であり、陸地にも湖や河川
などに液体の水が存在している。

◆これらの液体の水は、　太陽　のエネルギーを受けて、海
水面や地表面から蒸発し、気体の　水蒸気　となって上空
へ移動する。

◆上空へ移動した水蒸気は、雲をつくり、雨や雪となって降
り、地表へ移動する。

◆このように、地球上の水は状態を変えながら循環している。

雨や雪となって降っ
た水は、川などの流
水となって海へ移動
する。

水の循環

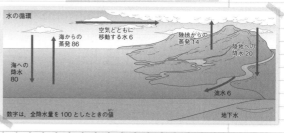

空気とともに
移動する水6

海からの
蒸発86

陸地からの
蒸発14

陸地への
降水20

海への
降水
80

流水6

地下水

数字は、全降水量を100としたときの値

確認テスト①

1 (1)　エ　　(2)　二酸化炭素

(3)　水　　(4)　炭酸ナトリウム

2 (1)　原子　　(2)　ウ

(3)　分子　　(4)　ア

(5)　記号　イ　物質名　二酸化炭素

3 (1)　引きつけられない。　　(2)　イ

(3)　硫化鉄　　(4)　FeS

(5)　化合物

4 (1)　二酸化炭素　　(2)　銅

(3)　酸化銅　還元　炭素　酸化

(4)　順に　$2Cu$, CO_2

解説 1(1), (2)　炭酸水素ナトリウムを加熱したときに生じる気体は二酸化炭素。二酸化炭素には石灰水を白くにごらせる特有の性質がある。

(4)　試験管に残った白い固体は炭酸ナトリウムで，炭酸水素ナトリウムとは性質の異なる別の物質。

2(5)　化合物は**イ**の二酸化炭素だけで，ほかの物質はすべて単体。

3(2), (3)　試験管中にできた物質は硫化鉄。硫化鉄にうすい塩酸を加えると，硫化水素という強いにおい（卵が腐ったようなにおい）のある有毒な気体が発生する。

4(3)　酸化銅には酸素がうばわれる還元が起こり，炭素には酸素と結びつく酸化が起こる。

確認テスト②

1 (1)　白色　　(2)　硫酸バリウム

(3)　ウ　　(4)　CO_2

(5)　ウ　　(6)　イ

(7)　二酸化炭素が容器の外に出たから。

(8)　質量保存　（の法則）

2 (1)　右図

(2)　名前　酸化銅
　　　化学式　CuO

(3)　名前　酸化マグネシウム
　　　化学式　MgO

(4)　0.2〔g〕

(5)　0.8〔g〕

(6)　銅：酸素 ＝ 4：1
　　　マグネシウム：酸素 ＝ 3：2

3 (1)　イ　　(2)　吸収されたから。

(3)　吸熱反応

解説 1(3), (5), (8)　化学変化の前後で全体の原子の数や種類は変わらないので，化学変化にかかわった物質の質量は変化しない。これを質量保存の法則という。

(6), (7)　容器のふたを開けると，容器内で発生した二酸化炭素が空気中に出ていくため，その分だけ質量が減る。

2(4)　1.0〔g〕－ 0.8〔g〕＝ 0.2〔g〕

(5)　2.0〔g〕－ 1.2〔g〕＝ 0.8〔g〕

(6)　銅：酸素 ＝ 0.4：0.1 ＝ 4：1
　　　マグネシウム：酸素 ＝ 1.2：0.8 ＝ 3：2

3　**ア**は温度が上がる発熱反応，**イ**は温度が下がる吸熱反応。

確認テスト③

40〜41 ページ

1 (1) e　(2) b, c, d
(3) a　細胞膜　c　葉緑体　d　細胞壁
(4) 400（倍）

2 (1) 維管束　(2) 図1　イ　図2　ウ
(3) 道管　(4) 双子葉類
(5) 気孔　(6) イ

3 (1) 水面からの水の蒸発を防ぐため。
(2) エ
(3) 葉の表　7（cm³）　葉の裏　18（cm³）
(4) 気孔は葉の表よりも裏に多くある。

4 (1) 葉の色を脱色するため。
(2) b　(3) aとb（完答）　(4) 師管

解説 1(1) 核（e）は染色液で染まる。
(2) 液胞（b），葉緑体（c），細胞壁（d）は植物の細胞だけに見られる。
(4) （接眼レンズの倍率）×（対物レンズの倍率）＝10×40＝400〔倍〕
2(4) 双子葉類の維管束は，輪のように並ぶ。
(6) 夜間は日光が当たらないので呼吸だけを行う。また，ふつう気孔は昼に開き，蒸散が起こる。
3(2)(3) 蒸散が行われた場所は，A…葉の表・葉の裏・茎，B…葉の表・茎，C…葉の裏・茎，D…茎。これより葉の表からの蒸散量は，A－C＝27－20＝7〔cm³〕，葉の裏からの蒸散量は，A－B＝27－9＝18〔cm³〕である。
4(3) 光が当たっていて，葉緑体がある部分とない部分を比べる。

確認テスト④

56〜57 ページ

1 (1) だ液　(2) アミラーゼ
(3) d　(4) c
(5) A　ブドウ糖　B　アミノ酸
　　C　脂肪酸，モノグリセリド（順不同）

2 (1) 肺胞　(2) a　二酸化炭素　b　酸素
(3) 呼吸　(4) エネルギー

3 (1) 左心室　(2) a
(3) ヘモグロビン　(4) d
(5) c　(6) 組織液

4 (1) D　感覚神経　E　運動神経
(2) 皮膚　(3) イ
(4) ウ

解説 1(3) すい液は，デンプン，タンパク質，脂肪のすべてにはたらく消化液。
(4) cの胆汁は，消化酵素をもたずに，脂肪の消化を助けるはたらきをする消化液。
2(2) 肺胞では，空気中の酸素が血液中にとりこまれ，血液中の二酸化炭素が空気中に出される。
(4) 細胞に運ばれた酸素は，養分を分解して生命活動のためのエネルギーをとり出すために使われる。
3(2) 肺を通過した直後の血液が，酸素を最も多くふくんでいる。
4(4) 反射の反応。反射では，刺激の信号が脳まで届く前に，脊髄などで命令が出される。

確認テスト⑤

76〜77 ページ

1 (1) 図1 **直列**（回路） 図2 **並列**（回路）

(2) ① $I_A = I_B = I_C$ ② 0.5（A）

③ 3.0（V） ④ 3（Ω）

(3) ① $I_D = I_E + I_F = I_G$ ② 2（A）

③ 3（V）

2 (1) （6 V −）24 W

(2) 6 V − 9 W 2700（J）

6 V − 12 W 3600（J）

6 V − 24 W 7200（J）

3 (1) ア (2) ① イ ② イ

(3) ア，エ，オ（順不同）

4 (1) 陰極線（または，電子線） (2) 電子

(3) ア (4) イ

解説 1(2)③ 1.5〔V〕+ 1.5〔V〕= 3.0〔V〕

④ 1.5〔V〕÷ 0.5〔A〕= 3〔Ω〕

(3)③ 並列回路では，各抵抗に加わる電圧と電源の電圧は等しい。

2(2) 電力〔W〕×時間〔秒〕で求める。

3(1) 磁界の向きは，N極→S極。

(3) 抵抗の小さい電熱線に変えると，コイルに流れる電流が大きくなる。

4(3), (4) 陰極線をつくる電子は−の電気を帯びているので，＋極の電極板のほうに引きつけられる。

確認テスト⑥

94〜95 ページ

1 (1) 1012（hPa） (2) **高気圧**

(3) ウ (4) D

(5) 等圧線の間隔がせまいから。

2 (1) **低気圧** (2) **寒冷前線**

(3) B

(4) OP ア OQ エ

3 (1) 冬 (2) エ

(3) イ (4) シベリア気団

(5) エ

4 (1) 下がっていく。 (2) ふくらんでいく。

(3) 下がっていく。 (4) 白くくもる。

(5) 雲

解説 1(1) 等圧線は4 hPa ごとに引かれている。

(3) 高気圧では下降気流が生じていて，北半球では周囲に時計回りで風がふき出ている。

(4), (5) 等圧線の間隔がせまいところでは，せまい範囲で気圧の差が大きいので，強い風がふく。

2(1) 前線をともなうのは低気圧。

(3) B地点は，これから寒冷前線が通過する。

3 天気図は，冬に特徴的な西高東低の気圧配置を示している。この時期，日本海側では大雪が降りやすく，太平洋側では乾燥した晴れの日が続く。

4(1), (2), (3) 容器内の気圧が下がると，中のゴム風船がふくらみ，中の空気が膨張するため気温が下がる。